广东省林业碳汇计量研究与实践

Research and Practice about Forestry Carbon Sequestration Measurement in Guang Dong Province

刘飞鹏　肖智慧　主编

中国林业出版社

图书在版编目(CIP)数据

广东省林业碳汇计量研究与实践 / 刘飞鹏,肖智慧主编. —北京:中国林业出版社,2013.8

ISBN 978-7-5038-7162-7

Ⅰ. ①广… Ⅱ. ①刘… ②肖… Ⅲ. ①森林 – 二氧化碳 – 资源利用 – 研究 – 广东省 Ⅳ. ①S718.5

中国版本图书馆 CIP 数据核字(2013)第 197561 号

责任编辑:于界芬

电话:(010)83229512   传真:(010)83227584

出　　版:中国林业出版社(100009 北京西城区德内大街刘海胡同 7 号)

网　　址:http://lycb.forestry.gov.cn

发　　行:中国林业出版社

印　　刷:北京卡乐富印刷有限公司

版　　次:2013 年 8 月第 1 版

印　　次:2013 年 8 月第 1 次

开　　本:787mm×1092 mm　1/16

印　　张:9.75

字　　数:240 千字

定　　价:56.00 元

前 言
PREFACE

　　20 世纪 80 年代以来，全球气候变化问题日益引起了国际社会的广泛关注，林业在应对气候变化中具有特殊地位。2011 年广东省被列为国家低碳试点省，碳汇林业是低碳试点省建设的重要组成部分。2012 年广东省开展了全省森林碳汇重点生态工程建设，大力发展碳汇林业，随着林业碳汇项目的大力推进，碳汇计量监测迫在眉睫。

　　近年来，广东省林业调查规划院相继开展了区域级、项目级的碳汇计量监测工作及相关研究，通过不断摸索和实践，取得了阶段性成果，现整理成章、集结成册，遂成此书。

　　本书在对国内外林业碳汇计量发展概况、广东省碳汇林业发展背景和研究进展、广东省森林资源与生态状况综合分析的基础上，科学地提出了广东省林业碳汇计量监测体系构建框架，系统阐述了广东省林业碳汇计量监测信息管理系统；对广东省 10 年来的森林植物碳密度和碳储量动态变化进行了研究；对长隆集团碳汇造林项目和广东省森林碳汇重点生态工程建设项目进行了案例分析；最后，根据森林碳储量和碳排放现状对广东省森林碳汇潜力进行了预测。

　　本书第一章由刘飞鹏执笔；第二章由杨加志、罗勇执笔；第三章由徐期瑚、刘飞鹏执笔；第四章由孟先进、徐期瑚执笔；第五章由张红爱执笔；第六章由罗勇执笔；第七章由肖智慧执笔；第八章由罗丹、刘飞鹏执笔。全书由刘飞鹏统稿。

　　本书在编写过程中，得到了中国绿色碳汇基金会、国家林业局昆明勘察设计院、广东省林业厅等单位的大力支持；同时得到广东省林业科技创新专项项目"林业碳汇计量监测体系研究"（2012KFCX019－01）和广东省低碳发展专项项目"广东省森林碳汇现状与潜力研究（2011）"的支持，藉此深表谢意！

　　囿于知识和水平有限，书中疏失错漏之处，敬请读者指正。

　　谨以此书献给"广东省林业碳汇计量监测中心"挂牌成立！

编 者
2013 年 8 月

目 录
CONTENTS

第一章
国内外林业碳汇计量发展概况

第一节 国际林业碳汇计量

一、全球应对气候变化行动

科技进步在给人类带来极大物质文明和精神文明的同时，也给人类的生存空间带来严重的影响。伴随着人口剧增和工业高速发展，化石燃料消耗剧增，导致大量 CO_2 等温室气体的排放；同时，土地利用方式发生前所未有的变化，森林资源，特别是热带雨林遭到严重破坏，其所贮存的大量温室气体被释放进入大气层，众多因素导致大气中温室气体浓度大幅度增加，引起全球变暖等一系列生态与环境问题，气候变化严重影响了经济社会的可持续发展。如何减缓和适应气候变化、保护环境成为国际社会关注的焦点问题。

(一)温室气体增加导致了全球气候变暖

2007 年，政府间气候变化专门委员会(Intergovernmental Panel on Climate Change, IPCC)发布了《第四次气候变化评估报告》。报告指出：2005 年的大气温室气体浓度为 379 毫克/升，远远超过工业革命之前的 280 毫克/升。预计未来 20 年，每 10 年全球平均增温 0.2℃，如温室气体排放稳定在 2000 年水平，每 10 年仍会继续增温 0.1℃；如以等于或高于当前速率继续排放，本世纪将增温 1.1 ~ 6.4℃，海平面将上升 0.18 ~ 0.59 米。第四次评估报告称，过去 50 年全球平均气温上升与人类大规模使用石油等化石燃料产生的温室气体增加有关。因此，有效控制人类活动，减少温室气体的排放或增加温室气体的吸收，是减缓和适应气候变化的有效措施。

(二)应对气候变化的国际行动

《联合国气候变化框架公约》(United Nations Framework Convention on Climate

Change，UNFCCC)是第一个全面控制 CO_2 等温室气体排放以应对全球变暖给人类经济和社会带来不利影响的公约。公约的目标为保护地球气候系统，"将大气中温室气体的浓度稳定在防止气候系统受到危险的人为干扰的水平上，这一水平应当在足以使生态系统能够自然地适应气候变化，确保粮食生产免受威胁并使经济能够可持续进行的时间范围内实现。"

1997 年 12 月，149 个国家和地区的代表在日本东京召开缔约方第三次会议，会议通过了旨在限制发达国家温室气体排放的《联合国气候变化框架公约的京都议定书》(以下简称《京都议定书》)。议定书规定到 2010 年所有发达国家排放的 6 种温室气体的数量要比 1990 年减少 5.2%，其中污染大国美国减少 7%，欧盟和日本分别减少 8% 和 6%，发展中国家没有减排义务。这一议定书需要在占 1990 年全球温室气体排放量 55% 以上的至少 55 个国家核准之后才能生效。2002 年 8 月 3 日中国签署了该议定书，成为《京都议定书》的缔约国。由于温室气体的来源涉及工业、农业、交通、能源生产等国民经济和社会发展的诸多领域，减少和限制这些领域的温室气体排放必然会影响国民经济和社会的发展以及人民的生活和消费。谈判问题的实质就是争夺未来各国在能源发展和经济竞争中的优势地位问题，是涉及各国的经济利益和今后政治、经济、科技、环境与外交发展的综合较量，因此各国在环境谈判当中都采取较为谨慎的态度。美国 1998 年 11 月签署《京都议定书》，但是布什政府在 2001 年宣布单方面退出。人均温室气体排放居世界第二的澳大利亚也没有签署《京都议定书》。由于美国的退出，加之俄罗斯各界对《京都议定书》的实施有不同看法，议定书迟迟未能核准。后来经过国际社会的共同努力，待俄罗斯核准后，《京都议定书》终于在 2005 年 2 月 16 日正式生效，这是人类历史上首次以法律文本的形式限制温室气体排放。

遵照"共同但有区别的责任"原则，鉴于发达国家在工业化进程中已排放大量温室气体的历史事实，《京都议定书》要求签约的发达国家和经济转轨国家(即附件 I 国家)在 2008～2012 年的第一个承诺期内，将温室气体排放总量在 1990 年基础上平均减少 5.2%。为有效实现附件 I 国家的温室气体减排目标，《京都议定书》制定了联合履约(Joint Implementation，JI)、排放贸易(Emissions Trading，ET)和清洁发展机制(Clean Development Mechanism，CDM)3 种灵活机制，帮助附件 I 国家履行《京都议定书》所规定的减排义务。

(三)森林的碳汇功能

森林是陆地生态系统的主体，约占全球非冰盖和非冰层陆地面积的 40%，与陆地其他生态系统相比，拥有最高的生物量，是陆地生物光合产量的主体，也是全球碳循环的主体。根据联合国粮食和农业组织(FAO)的数据统计，森林地上部分储存的碳约 2340 亿吨，地下部分储存的碳约 620 亿吨，枯死木储存的碳约 410 亿吨，凋落物储存的碳约 230 亿吨，森林土壤储存的碳约 3980 亿吨(Kindermann et al.，2008)。因此森林对缓解全球气候变暖起着极为重要的作用，其碳汇作用主要表现为：直接固碳、能源替代及原料替代作用。Houghton 研究了 1850～1990 年间全球森林生态系统的总碳收支情况，认为全球森林生态系统起净源的作用。但 20 世纪 90 年代后期以来，特别是近年的研究均认为全球森林生态系统起着 CO_2 汇的作用，虽然对汇的大小估计存在差异，但有足够的证据证明其确实存在。

森林植物通过光合作用吸收 CO_2，放出 O_2，把大气中的 CO_2 以生物量的形式固定在植被和土壤中，这个过程就是"汇"。森林的这种碳汇功能可以在一定时期内相对稳定，在降低温室气体浓度方面发挥重要作用。森林的碳汇功能使林业碳汇项目在《联合国气候变化框架条约》及《京都议定书》的相关谈判进展中受到国际社会的格外关注。

二、清洁发展机制与林业碳汇项目的产生

《联合国气候变化框架条约》生效后一直没有落实温室气体减排的具体方法（王雪红，2003），直至后来《京都议定书》的签署。议定书规定了 3 种机制，即排放贸易(ET)、联合履约(JI) 和清洁发展机制(CDM)（魏殿生，2005）。排放贸易是指已经达到减排目标的国家，把温室气体的排放权出卖给他国的"排出权贸易"，限于发达国家之间；联合履约和清洁发展机制是指两个或多个国家之间项目合作的履约机制，其中联合履约主要针对发达国家共同实现减排目标而制定。清洁发展机制是指发达国家把帮助发展中国家削减的排放量算作本国的削减量，是针对发达国家与发展中国家的履约机制。其主要内容是指发达国家通过提供资金和技术的方式，与发展中国家开展项目合作，即发达国家可以在发展中国家投资开展减少温室气体排放源和增加碳汇的项目，如在工业、交通和能源部门实施提高能源效率、开发可更新能源项目，或进行有关土地利用变化、农业和林业等方面的活动，以期由此类项目产生的减排量算作发达国家承诺的减排量。清洁发展机制是唯一与发展中国家有关的机制。这个机制既能使发达国家以低于其国内成本的方式获得减排量，又为发展中国家带来先进技术和资金，有利于促进发展中国家经济、社会的可持续发展。因此，清洁发展机制被认为是一种"双赢"机制。

2001 年达成的《波恩政治协定》和《马喀什协定》同意将毁林、造林和再造林活动引发的温室气体源的排放和汇的清除方面的净变化纳入附件 I 国家(《联合国气候变化框架公约》附件 I 中所列的 41 个工业化国家，简称附件 I 国家，下同)排放量的计算，即同意将造林和再造林碳汇项目作为第一承诺期的合格 CDM 项目类型。其中"造林"是指在 50 年以上的无林地上进行造林；"再造林"是指在曾经为有林地，而后退化为无林地的地上进行造林，并且这些地在 1989 年 12 月 31 日之前必须是无林地，即再造林必须是 1990 年以来进行的造林活动（张小全，2003），同时，协定为附件 I 国家利用造林碳汇项目设定了上限，即附件 I 国家在第一承诺期内每年从 CDM 造林碳汇项目中获得的减排抵消额不得超过其减排年排放量的 1%，也就是说附件 I 国家所承诺减排任务的 20% 可以通过 CDM 碳汇项目来完成（UNFCCC，2001）。

2003 年 12 月在 UNFCCC 第 9 次会议上达成了清洁发展机制(CDM)说明规则

谈判，规则对森林、造林、再造林、非持久性、碳计量期、小型碳汇项目等做了专门定义，通过了《CDM 造林项目活动的方式和程序》。2004 年 12 月第 10 次会议上进一步确定了小规模 CDM 造林再造林项目活动的简化方式和程序。

2005 年 2 月《京都议定书》正式生效，成为国际社会应对气候变化的纲领性文件，至此，清洁发展机制下的造林再造林碳汇项目正式启动并进入实质性的项目操作阶段。土地利用、土地利用变化和林业（Land Use, Land-Use Change and Forestry, LULUCF）活动成为了大气中 CO_2 减排增汇、实现《京都议定书》减限排指标及 UNFCCC 最终目标的重要措施。

三、国际林业碳汇项目的发展现状

与 CDM 工业和能源项目相比，造林碳汇项目在实施过程中存在很多技术问题，包括项目基准线与额外性的确定，碳储量的计算与核查，碳汇项目的非持久性、泄漏、不确定性及项目对社会经济和环境影响等（林而达，2003）。

一些发达国家的公司和机构为抢占市场和商机，开始在发展中国家选择合适地点启动碳汇项目试点，这些活动在《京都议定书》产生之后更为活跃。其主要目的：一是摸索实施此类项目的经验，协助完善公约关于 CDM 碳汇项目的实施规则，证明碳汇项目有助于发展中国家的社会经济发展；二是希望这些试点项目在议定书生效后被承认为合格的 CDM 林业碳汇项目，以抵消发达国家的部分承诺减排量。由于附件 I 国家可以通过碳汇项目完成 20% 的减排任务，这就意味着发达国家每年可通过造林碳汇项目完成约 3500 万吨碳的减排额度，按 10～15 美元/吨的市场价格计算，发达国家每年将在发展中国家投资 3 亿～5 亿美元开展造林碳汇项目，远大于发达国家为发展中国家提供的林业海外援助资金，因此许多发展中国家，尤其是拉美及非洲国家，希望能通过造林碳汇项目为其林业和地区发展引入大量的国际资金。

鉴于上述碳汇项目对发达国家和发展中国家有着各自的吸引力，因此 CDM 碳汇试点项目已全面开展起来，项目所在地包括印度、马来西亚、捷克、阿根廷、哥斯达黎加、墨西哥、巴拿马、巴西、中国等国家。具体项目活动包括造林、再造林、森林保护、森林经营管理等，以求通过这些项目来促进地区林业发展，改善项目所在地的生态环境和保护生物多样性。目前，林业碳汇项目在发展中国家表现出了活跃的态势，但项目实施中也反映出一些问题，其中最主要是 CDM 碳汇项目的参与机构过多，包括咨询、金融、保险等公司，监测和检查机构，以及有可能出现的股票分析公司等；操作规则过于复杂，如项目基准线的测定、项目额外性的证明、项目社会经济和环境影响评价，独立于项目的第三方审核，以及项目实施过程中的定期核查等，这无疑将大大提高 CDM 碳汇项目的实施成本。因此，包括中国在内的发展中国家均选择"谨慎"的参与态度。

四、世界林业碳汇计量监测的标准指标及核证

目前，一些现存的碳计量方法的手册和指南共分两个方面：一方面为国家区

域层面，包括 IPCC 估算国家温室气体或土地利用变化与林业部门的碳计量指南（IPCC，1996）；估算农业、林业和其他土地方面计量指南（IPCC，2006），以及 IPCC 土地利用、土地利用变化与林业部门的最佳实践指南；另一方面项目层面包括，温络克（www.winrock.org）、联合国粮食和农业组织（FAO）、国际林业研究中心提供的生物量评估手册、林业手册和森林调查等。

（一）国家温室气候清单的碳计量

《联合国气候变化框架公约（UNFCCC）》所有签约国都需要定期把本国温室气体的清单报告给联合国气候变化框架公约机构。温室气体清单包括 CO_2、CH_4 和 N_2O 等的排放量和转移量。在联合国气候变化框架公约下，要求附件 I 或发达国家每年都要对温室气体排放量进行监测评估并报告其计量结果；对于那些非附件 I 或发展中国家要对温室气体排放量进行监测并报告其结果，连续监测计量间隔时间一般为 3~5 年。作为与联合国气候变化框架公约国家交流的一部分，大多数发展中国家已经估算并报告出了他们国家的温室气体监测计量的结果。在国家级层面上，IPCC 制定了不同土地利用部门较宽泛的估算 CO_2 排放量和转移量的指南（IPCC，1996、2006）。然而，这个指南却没有提出抽样方法、测量技术、预测模型和碳贮存量变化定期监测模型的具体计量方法，也没有把现场测量和实验监测中测量指标参数转变为每公顷碳贮存量变化吨数的具体计算方法。

（二）气候变化减缓项目或规划的碳计量

众所周知，土地利用部门已被认为是减缓气候变化的关键部门之一。由于对碳效益的测量、监测、报告和判别存在一些算法问题，所以在关于气候变化的国际谈判中，对通过改变土地利用活动减缓气候变化一直是争议的焦点。减缓项目的碳计量需要有项目概念形成、项目建议、项目实施和监督等不同阶段的项目活动以及估算碳贮存量和变化量的方法。基线情景（无项目）、减缓情景也需要这种方法。土地利用部门通过减少 CO_2 排放量或增加生物量、土壤和木质产品的碳汇，而提高应对气候变化的能力。减少森林毁坏、开展可持续森林经营、造林、再造林、混农林业、城市林业、草原管理和利用生物质能源替代化石燃料等活动，都是土地利用部门减缓气候变化的实例。

土地利用部门应对气候变化项目与规划的碳计量包括由于项目活动或规划以及政策的实施，对多余的或增加的可避免碳排放量或碳汇的监测与估算。碳计量是对阻止森林毁坏和替代化石燃料、避免 CO_2 排放吨数的估算，同样，也是对造林、再造林与草原改良等活动使生物量与土壤固碳能力提高、碳汇量吨数的估算。

（三）清洁发展机制项目碳计量

清洁发展机制（CDM）是《京都议定书》以项目为基础的机制之一。造林、再造林是清洁发展机制许可的两种项目活动，它们的目的是提高在基线情景（无项目）下可能产生的额外碳贮存量的变化量。在清洁发展机制下，要求对这两种执行的不同阶段进行碳贮存量的估算和预测,并且应用清洁发展机制执行理事会批准的方法学。也就是说,项目建议书要阐述监测碳贮存量变化以及实际定期监测和检验碳贮存量所采用的方法。

(四)全球环境基金项目碳计量

全球环境基金是以实现《联合国气候变化框架公约》为目标推动环境可持续发展的技术、政策、措施和机构能力建设,是一个关注《生物多样性公约》和其他全球关注环境问题的国际组织。《联合国气候变化框架公约》已经把全球环境基金作为应对气候变化项目的财务机构。全球环境基金制定了增加业务领域的活动经费以提高全球环境效益,其有两个业务领域要求对土地利用项目进行碳计量:综合生态系统管理,它是一个多重点领域的规划,项目实施的目的是实现陆地、海洋生态系统碳贮存量增加和生物多样性保护等多种效益;可持续土地管理,它是一个多目标规划,目的是防治土地退化,减少 CO_2 排放,通过增加碳汇和保护生物多样性等措施,提高全球环境效益。这两个业务领域的主要目标是降低 CO_2 排放、提高碳贮存量。并要求全球环境基金项目活动在项目执行区内对碳贮存量进行估算,最终测算出项目执行活动后项目区增加的碳贮存量。

(五)森林、草原与混农林业开发项目碳计量

为减缓气候变化,许多国家正在实施森林与生物多样性保护,社区林业与工业原料林种植,混农林业、城市林业和防护林建设,草原改良等规划项目。

任何造林、再造林、森林保护和土地开垦规划与项目都需要进行标准的碳计量。碳计量包括对林木生物量和土壤碳的变化量或贮存量的估算。项目的目标旨在保护森林和生物多样性,为居民和工业增加生物供给量、提高农业生产率、加强水土保持、改进草原管理和保护土壤湿度、提高改良土壤能力以及防治荒漠化。另外,对这些项目要进行碳计量,对生物量、林木(薪炭材或商品林)或牧草生产以及土壤有机物的增加进行估算。通过碳计量评估生物量和森林、草原以及农田供应量对就业、收入和生活水平的影响程度,能够用于评价土地开发项目。而估算和监测生物贮存量、生产量以及土壤有机质的状态需要碳计量方法,对项目形成初期到项目周期内的活动进行碳估算和监测。

五、发达国家林业碳汇计量监测的发展

为减缓全球气候变化,保护人类生存环境,根据联合国气候变化框架公约的规定,所有缔约方均有义务定期更新和公布人为活动引起的温室气体源排放和汇清除清单,即国家温室气体清单,并尽可能降低不确定性。土地利用、土地利用变化和林业(LULUCF)温室气体清单是国家温室气体清单的重要领域。为使各国编制的温室气体清单具有满足完整性、透明性、可比性、保守性和时间序列一致性等要求,国际政府间气候变化专门委员会(IPCC)先后组织编写了《1996 IPCC国家温室气体清单指南》、《IPCC优良做法指南和不确定性管理》、《IPCC土地利

用、土地利用变化和林业优良做法指南》和《2006 IPCC 国家温室气体清单指南》。根据 UNFCCC 缔约方会议的决议，从 2006 年起，UNFCCC 附件 I 国家均采用了《IPCC 土地利用、土地利用变化和林业优良做法指南》编制 LULUCF 的温室气体清单。

《IPCC 土地利用、土地利用变化和林业优良做法指南》和《2006 IPCC 国家温室气体清单指南》将土地利用划分为 6 大类，即林地、农地、草地、湿地、居住地和其他土地，在此基础上考虑各地类内及其相互转化引起的温室气体源汇变化。为促使各缔约方编制并递交客观、一致、透明、可比的国家温室气体排放清单，根据 UNFCCC 的要求，发达国家缔约方递交的温室气体清单须进行专家评审。各国须根据专家评审意见和建议以及最新获得的数据，对 1990 年至清单年的温室气体清单进行更新。

发达国家 2008 年向 UNFCCC 递交的 1990～2006 年 LULUCF 的最新温室气体清单上表明，美国、澳大利亚、加拿大、英国、日本、瑞典、挪威、爱尔兰、芬兰、奥地利等主要发达国家的林业碳源汇计量均采用了 IPCC 较高层次的方法，其所用的参数大多为来自其本国的国别参数，澳大利亚、加拿大、英国等还专门建立了 LULUCF 国家碳计量系统，专门用于 UNFCCC 和《京都议定书》的履约需求。经济转型国家如白俄罗斯、克罗地亚、爱沙尼亚、立陶宛等国家均采用 IPCC 最低层次的方法，由于缺乏本国的研究数据，采用的参数也以 IPCC 缺省参数和假设为主。但是，由于林业碳源汇的计量和报告涉及森林及其与其他五大地类之间的相互转化，还涉及生物量(这里特指活生物量)、死有机质（枯落物和枯死木）、矿质土壤和有机土壤等碳库的碳源汇变化，所有国家都会不同程度地遇到数据缺乏的问题，因此，即使是几个做得最好的发达国家也不同程度地采用了 IPCC 较低层次的方法和 IPCC 缺省参数值(王琳飞，2010)。

第二节　国内林业碳汇计量

中国林业碳汇是在国家层面体系建设和项目层面实施的基础上发展起来的。国家层面体系建设主要是由国家林业局主导的全国林业碳汇计量监测体系；项目层面实施主要包括 CDM 林业碳汇项目实施和"自愿市场"林业碳汇项目实施。

一、全国林业碳汇计量监测体系建设

为推进全国各省(自治区、直辖市)开展温室气体清单和碳排放交易工作，掌握森林及土地利用碳汇现状、动态和潜力，国家林业局于 2010 年启动了全国林业碳汇计量监测体系建设，旨在获取全国各区域各森林类型植被碳库和土壤碳库计量监测的关系参数与模型，为在全国开展依据乔木层调查成果进行其他碳库（湿地、荒漠化和沙化土地等）计量监测工作提供支撑。全国林业碳汇计量监测体系建设的框架如图 1-1 所示。

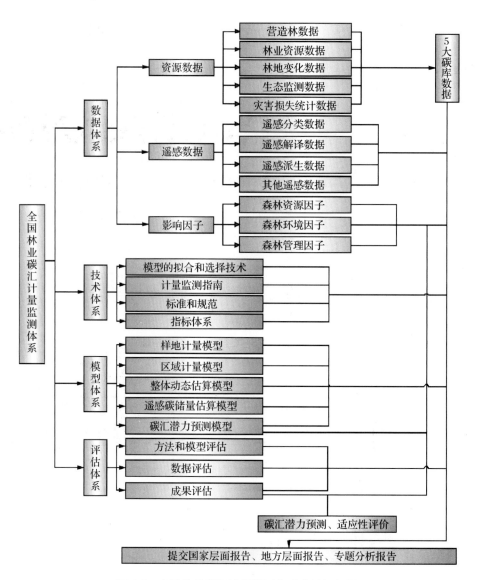

图 1-1   全国林业碳汇计量监测体系建设框架图

全国林业碳汇计量监测内容如图 1-2。

全国林业碳汇计量监测体系建设的工作，在结合国家发改委碳排放权交易试点和国家发展低碳经济试点中实行总体安排，分步实施。全国林业碳汇计量监测体系建设 2011 年第一批试点工作在辽宁、山西、四川、安徽 4 省进行。2012 年第二批试点在广东、湖北、重庆、北京、上海、天津、深圳、陕西、云南、浙江、湖南、青海等 12 个省（自治区、直辖市）和内蒙古森工集团进行。2013 年，全国范围内全面启动林业碳汇计量监测体系建设工作。

体系建设中林业碳汇计量监测采用的方法为《全国林业碳汇计量监测技术指南（试行）》与《森林下层植被和土壤碳库调查技术规范》，为便于国际接轨，这两份文件是在《1996 年 IPCC 国家温室气体清单指南修订本》《IPCC 土地利用、土地利用变化与林业优良做法指南》《2006 年 IPCC 国家温室气体清单指南》的基础上

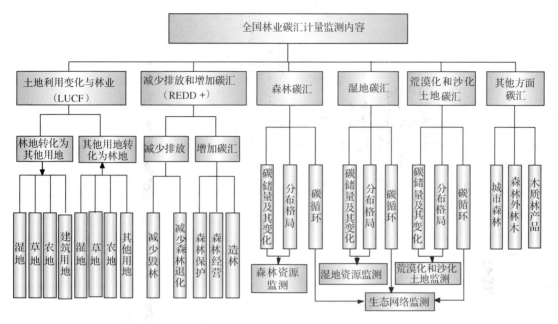

图 1-2　全国林业碳汇计量监测内容框架图

编制而成。

　　目前体系建设所取得的成果主要包括以下方面：完成了试点省（自治区、直辖市）的森林资源规划设计调查数据的标准化处理和碳库调查、各省（自治区、直辖市）碳储量现状与格局情况；基于试点成果，基本建立了全国森林乔木优势树种（组）生物量扩展因子参数数据库；基于全国土壤普查和研究成果，初步建立了全国主要森林土壤容重、有机质含量等参数数据库；基于研究成果，初步建立了全国主要树种碳含率数据库。

二、CDM 林业碳汇项目及方法学

（一）CDM 林业碳汇项目

　　截至 2013 年 3 月，国家发改委批准的 CDM 项目共 4904 个，预计年温室气体总减排量达 7.71 亿吨 CO_2 - e，其中造林再造林碳汇项目有 6 个（占国家批准项目总数的 1.22%），预计年温室气体减排量为 16.4805 万吨 CO_2 - e（占0.02%）。详见表 1-1。

表 1-1　国家发改委批准的 CDM 林业碳汇项目

项目名称	所在地	业主单位	国外合作方	批准时间（年/月/日）	注册时间	项目基准线方法学	估计年减排量（吨 CO_2 - e）
中国广西珠江流域治理再造林项目	广西	环江兴环营林有限责任公司	世界银行	2006/5/12	2006/11/10	ARAM0001	20 000

（续）

项目名称	所在地	业主单位	国外合作方	批准时间（年/月/日）	注册时间	项目基准线方法学	估计年减排量（吨 CO_2-e）
中国四川西北部退化土地的造林再造林项目	四川	大渡河造林局	无	2008/9/10	2009/11/16	ARAM0003	26 000
中国广西西北部地区退化土地再造林项目	广西	广西隆林各族自治区县林业开发有限责任公司	生物碳基金，国际复兴开发银行	2008/10/30	2010/9/15	ARAM0001	70 272
中国辽宁康平防治荒漠化小规模造林项目	辽宁	康平县张家窑林木管护有限公司	日本（庆应义塾）	2009/2/26		ARAM0001	1124
内蒙古盛乐国际生态示范区林业碳汇项目	内蒙古	内蒙古和盛生态育林有限公司	无	2012/10/18		ARAM0001	7195
诺华川西南林业碳汇、社区和生物多样性造林再造林项目	四川	四川省大渡河造林局	诺华制药公司	2013/1/23		ARAM0001	40 214

（http：//www.ndrc.gov.cn）

其中，主要的 CDM 林业碳汇项目介绍如下：

1. 广西碳汇项目

"中国广西珠江流域再造林项目"2006 年 11 月获得了联合国清洁发展机制执行理事会的批准，成为了全球第一个获得注册的清洁发展机制下再造林碳汇项目。主要目标：通过在小流域内造林来吸收贮存 CO_2，开展高质量温室气体减排量的测量、监测、核证；通过造林提高相邻保护区之间联通性，促进生物多样性保护；防治水土流失，通过碳交易为当地社区农户增加收入。该项目实施后，估计年减排量为 2 万吨 CO_2-e，截止于 2013 年 3 月已签发 39.59 万吨 CO_2-e。广西第二个注册项目是"中国广西西北部地区退化土地再造林项目"，由生物碳基金和国际复兴开发银行在广西隆林县投资营造。

2. 四川碳汇项目

中国四川西北部退化土地的造林再造林项目，是全球第一个成功注册的基于气候、社区、生物多样性（CCB）标准的清洁发展机制造林再造林（CDM-AR）项目，该项目在四川的理县、茂县、北川、青川、平武 5 个县的 21 个乡镇的部分退化土地上建立多功能人工林 2251.8 公顷，项目于 2005 年启动，由 3M 公司支持开发，2007 年完成，2008 年 9 月通过国家发改委审查。诺华川西南林业碳汇、社区和生物多样性项目是四川的第二个 CDM 林业碳汇项目，此项目由瑞士制药企业诺华公司为主要投资方，在 2011～2014 年间完成约 500 万株树木的种植，覆盖四川省凉山州的越西、甘洛、美姑、雷波和昭觉共 5 县近 4000 公顷的山区土地。植树将以当地原生树种为主体，营造接近当地自然状态的森林，预计未来 30 年内在四川省西南地区吸收 CO_2 120 万吨。

3. 辽宁试验林项目

1999 年沈阳市林业局和日本庆应大学开始合作，在沈阳市康平县营造防风固沙试验林。1999～2005 年，共营造林带长 39 千米，面积 538.7 公顷，造林株数 46.11 万株。2009 年，项目经国家发改委批准。对项目造林所产生的 CO_2 吸收效益进行碳汇交易，所获资金继续在沙漠化地区植树造林，帮助改善当地生态环境、发展农村经济、提高农民生活质量，为中日两国之间长期的环境协作提供多种可行的方案。

4. 内蒙古林业碳汇项目

内蒙古盛乐国际生态示范区项目是由中国绿色碳汇基金会、老牛基金会、大自然保护协会、内蒙古林业厅发起的生态修复和保护项目。项目致力于探索适应气候变化的干旱半干旱区关键生态系统的修复方案，打造一套"生态修复保障经济发展，经济发展支撑生态修复"的可持续模式。

（二）CDM 林业碳汇项目方法学

2005 年 10 月，CDM 执行理事会造林再造林工作组第 6 次会议正式通过了广西珠江流域再造林项目所使用的方法学。2005 年 11 月 23～25 日在德国波恩举行的国际 CDM 执行理事会第 11 次会议上被正式批准，是全球第一个获得 CDM 执行理事会批准的方法学——"退化土地再造林方法学"，这为探索、示范与碳汇有关的技术和方法奠定了基础，同时也意味着发达国家可以通过在发展中国家实施林业碳汇项目抵消其部分温室气体排放量进入实质性阶段。

2007 年 2 月，国家林业局防沙治沙办公室与意大利环境部合作的林业碳汇项目——内蒙古赤峰市敖汉旗防治荒漠化青年造林项目"以灌木为辅助的退化土地造林再造林方法学"，在德国波恩举行的国际 CDM 执行理事会第 29 次会议上被正式批准，是第六个获得 CDM 执行理事会批准的方法学，也是我国第二个被批准的同类方法学。

三、"自愿市场"林业碳汇项目及方法学

（一）"自愿市场"林业碳汇项目

2007 年 7 月，国家林业局联合中国石油天然气集团公司、中国绿化基金会等成立了中国绿色碳基金，首期获得企业捐资 3 亿元人民币。制定了碳基金资金管理办法、项目管理办法、造林技术规定。先后在全国 15 个省区开展了碳汇造林和油料能源林项目共计 100 多万亩*。绿色碳基金筹建之初，业务主范围为"京

---

*　1 亩 ＝0.667 公顷。

都模式"的 CDM 造林再造林碳汇项目，后成功扩展到"非京都模式"的林业碳汇项目，致力于为企业、组织、团体及个人自愿参与林业应对气候变化，购买碳汇活动，提供优质服务，有力推进了林业碳汇项目的建设。

由中国绿色碳基金引导或管理，国内"自愿市场"下的林业碳汇项目主要介绍如下：

1. 浙江碳汇试点项目及交易平台

2008 年温州率先启动碳汇造林，建立了全国第一个地市级碳基金专项，在苍南县观美镇建立中国绿色碳基金第一个标准化造林基地，在文成县玉壶镇建立全国第一个森林经营增汇项目，制定中国第一个森林经营增汇项目技术操作规程。目前，由企业和个人主动捐资建成的温州碳汇造林项目已达 1 万多亩，固碳增汇的森林经营项目达 2 万多亩，以民间资本捐助为主的中国绿色碳基金温州专项已达 1800 多万元。2010 年 12 月，华东林业产权交易所在浙江省杭州市正式挂牌成立，它是浙江省唯一的全省性林权交易平台，主要从事林权交易、林业碳汇交易、原木(木材)等大宗林产品交易，提供林业信息发布、市场交易、林业小额贷款、森林资源资产评估、林权抵押贷款、中介服务、法律政策咨询等服务，旨在建立统一、规范、公开的森林资源资产交易平台。

2. 广东碳汇项目与交易平台

2007 年中石油在河源市龙川县、汕头市潮阳区投资建设碳汇林 6000 亩；2010 年长隆集团捐资 1000 万设立中国绿色碳汇基金会广东专项，在河源市的紫金县、东源县和梅州市的五华县、兴宁市等地建设碳汇林 1.3 万亩。2012 年，广东省森林碳汇重点生态工程开始启动，计划在全省营造 400 万亩造林类、100 万亩森林经营类碳汇林。2011 年 10 月，广州市林业产权交易中心揭牌启用，将开展林权、活立木、森林碳汇等交易，为山林使用权转让提供相关交易咨询、信息发布、资金结算、融资咨询、鉴定等服务。

3. 北京碳汇项目

2008 年，中国绿色碳基金北京市房山区及八达岭碳汇造林项目正式启动。由中国石油天然气集团公司出资 300 万元，与房山区青龙湖镇营造 6000 亩碳汇林。建成后，预计每年可吸收 CO_2 近 4000 吨。可增加项目区的植物种类和生物多样性，还可改善当地的生态环境。

4. 云南碳汇项目

2007 年，云南省临沧市双江县、临翔区、耿马县等地实施的膏桐碳汇项目，由加拿大嘉汉林业投资有限公司全额投资再造林。

(二)"自愿市场"林业碳汇项目方法学

从 2006 年开始，国家林业局着手推进建立全国森林碳汇计量和监测体系工作，组织编制造林项目碳汇计量与监测方法学，2010 年国家林业局公布了《造林项目碳汇计量与监测指南》，指南参考了国际通用方法，结合我国林业实际情况，首次对碳汇造林项目相关的术语和定义、项目边界和土地合格性、碳库与温室气体排放源确定、计量和监测方法等提出了具体要求和规定，能满足我国造林项目的碳汇计量与监测要求，对于指导和规范碳汇计量监测工作具有重要意义。2012年11月，国家林业局公布了《竹林项目碳汇计量与监测方法学》，此方法学与国际接轨并符合中国国情，科学合理且操作性强，不仅适用于在我国开展竹林项目碳汇计量与监测活动，也可供其他国家（地区）开展竹林项目碳汇计量与监测活动。2013年6月，《森林经营增汇减排项目方法学》的正式发布填补了我国林业碳汇项目领域森林经营方法学的空白。该方法学所制定的"基准线情景识别与额外性论证方法"、"基准线碳汇量监测方法"，符合国际规则、适合中国国情，具有科学性和可操作性。此方法学为加快我国森林生态产品的生产，增加林区群众收入、保护生物多样性等提供了系统的技术方法。

参考文献

1. IPCC，国家温室气体清单指南，1996.

2. IPCC，国家温室气体清单指南，2006.

3. Lin Erda et al. . 2003 Climate change and soil carbon sequestration[M]. Science Press Beijing，2003，355.

4. Houghton R A. The annual net flux of carbon to the atmosphere from changes in land use 1850 – 1990 [J]. Tellus，1999，51B：298 – 313.

5. 王雪红. 林业碳汇项目及其在中国发展潜力浅析[J]. 世界林业研究，2003，16(4)：7 – 12.

6. 魏殿生. 应对气候变化"林业碳汇"给中国带来机遇[N]. 中国经济时报，2005 – 11 – 28.

7. 林而达，杨修. 气候变化对农业的影响评价及适应对策//全国政协人口资源环境委员会，中国气象局. 气候变化与生态环境研讨会文集[M]. 北京：气象出版社，2003：72 – 77.

8. 张小全，侯振宏. 森林、造林、再造林和毁林的定义与碳计量问题[J]. 林业科学，2003，29(2)：145 – 152.

9. 王琳飞，王国兵，沈玉娟，等. 国际碳汇市场的补偿标准体系及我国林业碳汇项目实践进展[J]. 南京林业大学学报：自然科学版，2010，34(5)：120 – 124.

10. 李怒云. 林业碳汇计量[M]. 北京：中国林业出版社，2009.

11. 国家林业局林业碳汇计量监测中心. 全国林业碳汇计量监测体系建设和试点工作总结会. 西安，2012 – 5 – 9.

第二章
广东省林业碳汇研究背景、进展及现状

第一节 广东林业碳汇发展背景

一、改革开放以来广东林业取得的成就

（一）十年绿化广东，全国荒山造林绿化第一省

1985 年广东省委、省政府作出《加快造林步伐、尽快绿化全省的决定》，提出"五年消灭荒山，十年绿化广东"的目标，采取了党政领导造林绿化任期目标责任制、检查验收和奖惩机制、推广改燃节柴、增加林业投入等一系列行之有效的措施，经过全省军民的艰苦奋斗，到 1990 年全省完成荒山造林 5800 万亩，基本消灭宜林荒山，1991 年被党中央、国务院授予"全国荒山造林绿化第一省"的称号。1993 年全省基本实现绿化达标，扭转了森林消耗量大于生长量的局面。

（二）森林分类经营，林业第二次创业

绿化达标后，广东省委、省政府先后作出《关于巩固绿化成果，加快林业现代化建设的决定》和《关于组织林业第二次创业，优化生态环境，加快林业产业化进程的决定》，组织实施林业分类经营，开展生态公益林体系和商品林基地建设。1999 年在全国率先实施生态公益林效益补偿制度，同年被国家林业局确定为全国唯一省级林业分类经营改革试验示范区，为国家实施生态补偿机制提供了典范。

（三）创建林业生态县，建设林业生态省

2005 年广东省委、省政府作出《关于加快建设林业生态省的决定》，在全国率先提出了建设林业生态省的构想。林业生态省是确立以生态建设为主体的林业可持续发展道路，建设以森林植被为主体的国土生态安全保障体系，构建以生态

经济为特色的林业产业体系，基本形成山川秀美、生态良好、人与自然和谐相处的生态文明社会。自 2003 年开展创建林业生态县活动以来，截至 2012 年，省政府共授予了 10 批 105 个林业生态市县，其中广东省林业生态市 11 个，广东省林业生态县(市、区)94 个，基本建成林业生态省。

(四)实施新一轮绿化广东大行动，建设绿色生态文明

2012 年，广东省启动了森林碳汇、生态景观林带和森林进城围城工程，以此三大工程为抓手，全面启动了新一轮绿化广东大行动，推进绿色生态文明建设。新一轮绿化广东大行动是省委、省政府着眼长远的战略决策部署，符合党的十八大和习近平总书记视察广东重要讲话精神，是广东省发展全国一流、世界先进的现代大林业，建设全国绿色生态第一省的具体行动。

二、碳汇林业的发展背景

2010 年 7 月，国家正式确定广东为全国低碳省建设试点省。2010 年 11 月，广东省政府召开国家低碳省试点工作启动大会，正式启动国家低碳省建设。广东是全国能源消耗大省，能源消费的快速增长与区域环境容量之间的矛盾日益突出，CO_2 人均排放量高于全国平均水平，节能减排任务艰巨。根据国家发展改革委《关于开展低碳省区和低碳城市试点工作的通知》要求，广东制定了《广东省开展国家低碳省试点工作实施方案》，加快经济发展方式转变、推动生活方式和消费模式转型、推动经济社会又好又快发展。同时，大力培育森林资源、增加森林碳汇，促进森林间接减排。

2010 年省政府工作报告中指出，要培育森林资源，增加森林碳汇。2010 年 1 月，广东省委在粤北山区工作会议上指出，要充分依托生态优势发展绿色经济、低碳经济，发展碳交易，搞碳汇、碳税等，山区可以借助生态优势"发财致富"；2011 年 1 月，广东省人民政府发布了《广东林业应对气候变化方案》，并提出增加森林碳汇奋斗目标，到 2015 年森林面积比 2009 年增加 900 万亩，林木蓄积量增加 1.32 亿立方米，森林覆盖率达到 58%。2012 年，森林碳汇、生态景观林带和森林进城围城工程、乡村绿化美化工程等作为新一轮绿化广东的四大工程，主要通过扩大森林面积，加强森林经营，增加森林碳汇。

三、广东林业碳汇项目的兴起

广东省委、省政府明确提出"加快转型升级、建设幸福广东"的目标要求，林业作为涉及面广、带动作用强的战略性产业，对加快转变经济发展方式、调整优化产业结构、促进欠发达地区发展和林业增收、提升生态建设水平具有特殊重要的作用，在建设幸福广东中承担着重要责任。通过加快碳汇林业建设，采用多种形式营造碳汇林，增加森林碳汇成为广东经济、社会可持续发展的现实需求。

2007 年，中国石油天然气集团公司出资 300 万元，在河源市龙川县和汕头市

潮阳区分别营造3000亩碳汇林，开始了广东营造碳汇林的先河；2010年，广东将碳汇造林纳入省林业重点生态工程建设范围，并开展碳汇示范林的建设试点；2011年3月，广州长隆集团向中国绿色碳汇基金会捐赠1000万元，作为成立中国绿色碳汇基金会——广东碳汇基金专项的启动基金，省政府决定启动广东省碳汇林工程，选定五华县、兴宁市、东源县、紫金县作碳汇林示范建设点，营造13 000亩碳汇工程林。2011年4月，广东出台了《广东省森林碳汇重点造林工程实施方案》，2011年12月，省政府常务会议上明确指出，"要加快碳汇林业建设，通过多种形式营造碳汇林，增加森林碳汇；要加大林相改造和残次林及纯松林改造力度，有效提高森林质量与效益，力争到2015年，全省消灭尚存宜林荒山500万亩，完成1000万亩残次林及纯松林改造任务"。2012年，广东省林业厅组织编制了《广东省森林碳汇重点生态工程建设规划(2012~2015年)》，在全省范围内大规模实施碳汇林建设。

第二节　广东林业碳汇计量监测研究进展

广东省在基于森林资源、遥感及模型等估算森林生物量基础之上对林业碳汇进行了相关研究。

一、基于森林资源连续清查的森林碳储量研究

基于森林资源清查的森林生物量估算是在景观、区域甚至全球尺度上评估森林碳收支的重要手段，在陆地生态系统碳循环和全球变化研究中有着重要作用。森林资源清查资料具有分布范围广、包含所有的森林类型、测量的因子容易获得、时间连续性强等优点。近年来，国内较多学者基于区域性的森林资源清查资料，开展了不同区域范围内的森林生物量研究工作，为评价区域尺度的生态质量和研究我国森林生态系统的碳汇潜力提供了重要参考。

广东省森林资源连续清查体系建于1978年，并于1983、1988、1992、1997、2002、2007年和2012年分别进行了第一、二、三、四、五、六、七次复查，期间1986年部分复查，1992年另增设了1228个临时样地。从2002年第五次复查起，除满足国家需求的森林资源连续清查成果外，还率先在全国利用连续清查固定样地对部分森林生态状况因子进行了初查。薛春泉(2008)利用广东省2002年森林资源连续清查第五次复查调查资料，对广东省森林生物量的分布规律进行了系统的研究。杨昆等(2007)利用生物量转换因子连续函数法，通过69组不同龄级的森林样地实测数据，拟合了珠江三角洲主要森林类型的生物量和蓄积量之间的回归方程，并结合各时段森林清查资料，估算了区域森林生物量及其动态。叶金盛等(2010)根据广东省1988~2007年5期森林资源连续清查数据资料，对广东省近20年来森林植被碳储量、碳密度及其动态变化进行了分析研究。结果表明：20年来，广东森林植被在碳循环中一直发挥着"碳汇"作用，阔叶林为最主

要贡献者，其碳储量增量占森林总碳储量增量的 68.95%；森林碳密度呈增加趋势，平均年净增率为 0.80%，桉树和硬阔为增速最快的两类树种。

二、基于遥感的森林生物量研究

随着"3S"技术的不断发展，对植被生物量的研究从小范围、二维尺度的传统地面测量发展到大范围、多时空的遥感模型估算。遥感不仅可以为预测生产力与生物量的模型提供数据，更可以直接用于生产力与生物量的估算。早期遥感受限于波段的范围，只能用于特定区域、特定时间或特定的植被类型，而随着近年来热红外、微波和激光遥感仪器的应用，多角度、高光谱和高分辨率遥感技术的发展，遥感在生物量的估算方面有了更大的应用范围和更高的精度。

在广东省，遥感技术也被广泛应用于森林生态系统生物量的研究上。郭志华（2001）在"3S"技术的支持下，利用卫星遥感数据 NOAA、AVHRR、NDVI 对广东省陆地生态系统进行了初步分类；通过野外样方调查，利用卫星遥感数据 TM 和 NOAA、AVHRR 研究了粤西附近地区及广东省森林生物量；利用地面气象数据和卫星遥感数据研究了广东省植被生产力；进而研究了广东省陆地植被净第一性生产力与全球气候变化的相关性。他又通过研究针叶林和阔叶林材积与 Landsat TM 数据各波段及 NAVI 和 RVI 等指数的相关性，筛选出估算针叶林和阔叶林材积的光谱因子。根据 TM 数据 7 个波段信息及其线形与非线形组合，应用逐步回归分析分别建立估算针叶林和阔叶林材积的最优光谱模型，进而研究了粤西及附近地区的森林生物量和森林覆盖率。

三、基于模型的森林碳储量研究

基于模型的森林碳储量研究是在建立模型的基础上进行的一种预测研究，通过模型对区域的碳收支情况进行预测，进而研究区域的碳储量及碳动态。

（一）主要模型概述

基于模型的森林碳储量研究大多是在建立基于区域的气候、植被、立地等条件的预测模型后，对区域的森林碳储量进行估算。利用模型对碳汇进行估算是目前一种主要方法，目前主要的相关模型包括：

1. 统计模型

也称为气候相关模型，是利用气候因子（温度、降水等）来估算植被净第一性生产力，因此大部分统计模型估算的结果是潜在植被生产力。该类模型以 Miami 模型、Thornthwaite Memorial 模型和 Chikugo 模型为代表，采取统计学的方法，利用气候因子，包括温度、降水、蒸散量等，建立与植物干物质生产量之间的相关性，进而估算植被净第一生产力（即绿色植物在单位时间和单位面积上所积累的有机物总量）。

2. 参数模型

在参数模型中植被净第一性生产力是由植被吸收的光合有效辐射和光能转化效率两个因子来表示，其中把光能转化效率看成是只取决于植被类型的变量，有些文献中又被称作光能利用率模型，参数模型以 CENTURY、CARAIB、KGM 等为代表。参数模型以资源平衡的观点作为其理论基础，认为植物的生长是资源可利用性的组合体，物种通过生态过程的排序和生理、生化、形态过程的植物驯化相结合应趋向于使所有资源对植物生长有平等限制作用。资源平衡观点假定生态过程趋于调整植物特性以响应环境条件，在资源平衡的观点成立的前提下，就可利用植被所吸收的太阳辐射以及其他调控因子来估计植被净第一性生产力。

3. 过程模型

过程模型以 CASA、GLOPEM 等为代表，过程模型从机理上模拟植被的光合作用、呼吸作用、蒸腾蒸发以及土壤水分散失的过程，大多将土壤—植被—大气连续体作为一个系统，进行各层的物质、能量交换模拟并建立相应的模型或模型库。同时融合了气象和环境参数，随着这些参数大幅度的时空变化，可以分析研究区内的 NPP 季节及年际变化，从而研究气候变化对陆地生态系统的影响。近年来，由于遥感和 GIS 技术的支持，使得遥感过程模型融合了遥感及时、准确、宏观、多尺度的优势而成为当前生产力模型的主攻方向。遥感过程模型可实现生态系统 NPP 的及时模拟和动态监测，便捷、准确地反映 NPP 的时空变化格局。

（二）主要研究

在模型研究的基础上，众多学者对广东省植被的 NPP 进行了预测分析。刘智勇（2011）等利用 CCSM3 大气环流模型，模拟了广东省 1980～2099 年月平均温度和月降水量多边形格网 shape 数据，并使用 ArcGIS 软件统计每个格网每年的平均温度和年降水量，再通过统计所有格网的均值，得到整个广东省的年平均温度和降水量。通过比较 2000～2099 年五个阶段（每 20 年为一个阶段）与 1980～1999年的数据差值，分析未来的温度降水变化趋势。进而利用基于气候的 Miami NPP估算模型，分析了广东省过去及未来 NPP 变化趋势。李平衡等（2009）采用 BI-OME-BGC 模型对广东鹤山的马占相思人工林生态系统 1985～2100 年年间的碳格局及其动态变化进行了模拟。刘海桂等（2007）采用 Global 模型，分析了 1981～2000 年期间广东省 NPP 的时空动态，从全省、地区以及地级市 3 个空间尺度分别讨论了广东省 NPP 分布格局及动态，并对广东省 3 种典型森林类型——阔叶林、针叶林和混交林 20 年 NPP 的动态进行了分析。周平（2011）在收集和整理全球碳源、碳汇、国家边界、国家人口信息等方面的数据资源以及各国国民在食物、造纸、木材和纤维等方面对 NPP 等的消耗的数据基础上，结合 GIS 技术方法，构建了基于模型的全球潜在 NPP 的研究系统。

第三节　广东省森林资源与生态现状

广东省主要通过《广东省林业生态年度公报》和《广东省森林资源年度通报》

两份文件每年向社会公布省内林业发展成就。这两份文件是林业碳汇在广东发展的重要体现渠道和主要的计量依据。2012 年广东省森林资源和生态现状概述如下。

一、森林资源状况

（一）森林资源数量

1. 林地面积

2012 年全省林业用地面积 1097.16 万公顷。按林种划分，商品林 682.88 万公顷，占 62.3%；省级以上生态公益林 414.28 万公顷，占 37.7%。按地类划分，有林地面积 976.11 万公顷（乔木林 940.66 万公顷、竹林 33.58 万公顷、红树林 1.87 万公顷），灌木林地 65.22 万公顷（国家特别规定灌木林地 50.04 万公顷、其他灌木林 15.18 万公顷），疏林地 3.54 万公顷，未成林地 24.66 万公顷，无林地 27.08 万公顷，苗圃地 0.34 万公顷，辅助林地 0.21 万公顷。各地类面积见表 2-1。

表 2-1　全省林地面积按地类分类统计表　　　　单位：万公顷、%

		合计		商品林		生态公益林	
		面积	比例	面积	比例	面积	比例
合计		1097.16	100	682.88	100	414.28	100
有林地	小计	976.11	89.0	621.24	90.9	354.87	85.7
	乔木林	940.66	85.7	599.08	87.7	341.58	82.5
	竹林	33.58	3.1	22.03	3.2	11.55	2.8
	红树林	1.87	0.2	0.13		1.74	0.4
灌木林地		65.22	5.9	22.15	3.2	43.07	10.4
疏林地		3.54	0.3	2.59	0.4	0.95	0.2
未成林地		24.66	2.2	17.53	2.6	7.13	1.7
无林地		27.08	2.5	18.84	2.8	8.24	2.0
苗圃、辅助地		0.55	0.1	0.53	0.1	0.02	

注：此数据包括农垦局和雷州局，其相关信息按照全省平均水平进行分类统计，下同。

2. 活立木蓄积量

全省活立木总蓄积为 49 204.08 万立方米，其中乔木林为 46 891.49 万立方米，占总蓄积量的 95.3%；疏林 81.54 万立方米，占 0.2%；散生木 609.99 万立方米，占 1.2%；四旁树 1621.06 万立方米，占 3.3%。

乔木林按龄组计（见表 2-2）：全省幼龄林面积 167.63 万公顷，蓄积 4173.34 万立方米，分别占乔木林面积、蓄积总数的 17.8% 和 8.9%；中龄林面积 222.37 万公顷，蓄积 11 253.96 万立方米，分别占 23.7% 和 24.0%；近熟林面积 193.65 万公顷，蓄积 11 526.44 万立方米，分别占 20.6% 和 24.6%；成熟林面积 180.16 万公顷，蓄积 12 190.35 万立方米，分别占 19.2% 和 26.0%；过熟林面积 100.47 万公顷，蓄积 7461.97 万立方米，分别占 10.6% 和 15.9%；另外，乔木林中的经济林面积76.38公顷，蓄积285.43万立方米，分别占8.1%和0.6%。

表 2-2 全省乔木林按龄组面积、蓄积统计表

单位：万公顷、万立方米、%

项目		合计	龄组					经济林
			幼龄林	中龄林	近熟林	成熟林	过熟林	
面积	数量	940.66	167.63	222.37	193.65	180.16	100.47	76.38
	比例	100	17.8	23.7	20.6	19.2	10.6	8.1
蓄积	数量	46 891.49	4173.34	11 253.96	11 526.44	12 190.35	7461.97	285.43
	比例	100	8.9	24.0	24.6	26.0	15.9	0.6

3. 林种结构

生态公益林内，特用林80.86万公顷，防护林333.42万公顷，分别占生态公益林面积的19.5%和80.5%。商品林中，用材林592.15万公顷，薪炭林16.63万公顷，经济林74.10万公顷，分别占商品林总面积的86.7%、2.4%和10.9%。各林种面积见表2-3。

表 2-3 全省林种结构统计表　　　　单位：万公顷、%

林种		面积	比例
合计		1097.16	100
生态公益林	小计	414.28	37.7
	特用林	80.86	7.3
	防护林	333.42	30.4
商品林	小计	682.88	62.3
	用材林	592.15	54.0
	薪炭林	16.63	1.5
	经济林	74.10	6.8

4. 生态公益林

全省省级以上生态公益林414.28万公顷。其中，国家级公益林150.81万公顷，占全省林地总面积的比例为13.7%。

（二）森林资源质量

1. 公顷蓄积量

全省乔木林平均公顷蓄积量为50.10立方米，其中商品林为46.62立方米，生态公益林为56.44立方米，生态公益林公顷蓄积量比商品林多9.82立方米。

2. 公顷生物量

全省林地公顷生物量为54.28吨/公顷。其中，商品林为48.55吨/公顷，生态公益林为58.19吨/公顷。

全省乔木林公顷生物量为56.13吨/公顷，其中，乔木林中的商品林为52.23

吨/公顷，生态公益林为 63.23 吨/公顷。

3. 树种结构

（1）树种面积比。全省乔木林面积为 940.66 万公顷，按优势树种（组）分，针叶林 383.38 万公顷，占乔木林总面积的 40.8%；阔叶林 473.75 万公顷，占 50.3%；针阔混交林 83.53 万公顷，占 8.9%。

（2）公顷株数。全省乔木林单位面积株数平均为 1796 株/公顷，其中商品林 1782 株/公顷，生态公益林 1845 株/公顷。

（3）平均胸径。全省乔木林平均胸径为 10.99 厘米，其中商品林 10.70 厘米，生态公益林 11.64 厘米。马尾松、针阔混、针叶混等优势树种（组）的平均胸径值较大，均在 12 厘米以上。

（4）平均树高。全省乔木林平均树高为 8.78 米，其中商品林 8.57 米，生态公益林 8.89 米。全省各优势树种（组）的平均高范围为 5.98~11.56 米。

二、森林生态状况

（一）生态功能等级

全省森林（地）中，一类林 55.96 万公顷，二类林 691.21 万公顷，三类林 294.04 万公顷，四类林 55.95 万公顷，分别占全省林地总面积的 5.1%、63.0%、26.8% 和 5.1%，一、二类林面积比例为 68.1%。生态公益林内，一类、二类、三类、四类林的比例分别为 9.3%、68.1%、19.1% 和 3.5%，一、二类林面积比例为 77.4%。商品林内，一类、二类、三类、四类林的比例分别为 2.7%、60.0%、31.3% 和 6.0%，一、二类林面积比例为 62.7%。生态公益林生态功能等级要优于商品林，具体数值见表 2-4。

表 2-4 全省森林生态功能等级分类统计表　　单位：万公顷、%

分类	合计		生态公益林		商品林	
功能等级	面积	比例	面积	比例	面积	比例
合计	1097.16	100	414.28	100	682.88	100
一类	55.96	5.1	38.53	9.3	17.43	2.7
二类	691.21	63.0	282.12	68.1	409.09	60.0
三类	294.04	26.8	79.13	19.1	214.91	31.3
四类	55.95	5.1	14.50	3.5	41.45	6.0

（二）森林灾害

全省受害森林（地）111.5 万公顷，占全省林地总面积的 10.2%。以受害类型计，病害 9.31 万公顷、虫害 55.02 万公顷、火灾 11.00 万公顷、自然灾害 33.48 万公顷、受空气污染 2.69 万公顷，分别占受害总面积的 8.3%、49.3%、9.9%、30.0% 和 2.5%。

（三）森林健康

全省森林（地）中，达到健康和较健康等级的为1078.51万公顷，占全省林地面积的98.3%；亚健康和不健康等级为18.65万公顷，占全省林地面积的1.7%。

（四）林地土壤流失状况

2012年，全省无侵蚀的林地982.89万公顷，占林地总面积的89.6%；受不同程度侵蚀的林地为114.27万公顷，占林地总面积的10.4%。其中，轻度侵蚀的林地为106.07万公顷，中度侵蚀的林地为6.82万公顷，强度侵蚀的林地1.22万公顷，剧烈侵蚀的林地为0.16万公顷。受侵蚀林地中，面状侵蚀106.27万公顷，占林地面积的9.7%；沟状侵蚀5.92万公顷，占0.6%；崩塌侵蚀2.08万公顷，占0.1%。

（五）森林自然度

全省森林（地）中，Ⅰ类林6.59万公顷、Ⅱ类林258.93万公顷、Ⅲ类林107.52万公顷、Ⅳ类林582.59万公顷、Ⅴ类林141.53万公顷，分别占总林地面积的0.6%、23.6%、9.8%、53.1%和12.9%。

（六）森林景观

全省森林（地）中，景观为Ⅰ级的森林14.26万公顷，Ⅱ级森林97.65万公顷，Ⅲ级森林288.55万公顷，Ⅳ级森林696.70万公顷，分别占全省林地总面积的1.3%、8.9%、26.3%和63.5%。生态公益林森林景观整体优于商品林。

参考文献

1. 罗勇. 2012年度广东省森林资源与生态状况综合监测报告[R]. 2013(6).

2. 薛春泉，叶金盛，杨加志，陈北光. 广东省阔叶林生物量的分布规律研究[J]. 华南农业大学学报，2008，1(29)：48-52.

3. 杨昆，管东生. 珠江三角洲地区森林生物量及其动态[J]. 应用生态学报，2007，18(4)：705-712.

4. 叶金盛，佘光辉. 广东省森林植被碳储量动态研究[J]. 南京林业大学学报，2010，34(4)：7-12.

5. 郭志华，彭少麟，王伯荪. 利用TM数据提取粤西地区的森林生物量[J]. 生态学报，2002，22(11)：1832-1839.

6. 郭志华，彭少麟，王伯荪. 基于GIS和RS的广东陆地植被生产力及其时空格局[J]. 生态学报，2001，9(21)：1444-1449.

7. 刘智勇，张鑫，周平. 广东省未来温度、降水及陆地生态系统NPP预测分析[J]. 广东林业科技，2011，27(1)：59-65.

8. 李平衡，王权，任海. 马占相思人工林生态系统的碳格局及其动态模拟[J]. 热带亚热带植物学报，2009，17（5）：494 – 501.

9. 刘海桂，唐旭利，周国逸，刘曙光. 1981 ~ 2000 年广东省净初级生产力的时空格局 [J]. 生态学报，2007，27（10）：4065 – 4074.

10. 周平. 全球陆地碳汇分析系统开发与应用[M]. 北京：中国林业出版社，2011.

第三章

广东省林业碳汇计量监测体系研究

第一节 计量监测体系设计

一、计量监测理论基础

(一)碳汇计量监测的主要方法

目前，世界各地的学者应用生物量法、蓄积量法、生物量清单法、涡旋相关法、涡度协方差法、驰豫涡旋积累法、箱式法等方法对林业碳汇计量监测进行了研究。归纳起来，主要分为两大类，一类是与生物量紧密相关反映碳贮存量的现存生物量调查的方法。另一类是利用微气象原理和技术测定森林 CO_2 通量，然后将 CO_2 通量换算成碳储存量的方法(赵林，2008)。

1. 与生物量紧密相关的方法

绿色植物通过光合作用固定大气中的 CO_2 将太阳能转化成化学能，以有机化合物的形式贮存在植物体中以满足自身生命活动的需要。绿色植物光合作用固定的太阳能或积累的有机物通常以能量和干物质(生物量)来衡量。森林生态系统在单位面积和单位时间内所累积的能量或生产的物质总量称为生态系统的总初级生产力。从总初级生产力中扣除生产者呼吸所消耗的能量或有机物质量后的剩余部分称为系统净初级生产力，由净初级生产力可以求得生态系统在单位面积和单位时间内 CO_2 净吸收量。

(1)生物量法。生物量法是目前应用最为广泛的方法，其优点就是直接、明确、技术简单。即根据单位面积生物量、森林面积、生物量在树木各器官中的分配比例、树木各器官的碳含率等参数计算而成。最早应用生物量法时，通过大规模的样地实地调查，得到实测的数据，建立一套标准的测量参数和生物量数据库，用样地数据得到植被的平均碳密度，然后用每一种植被碳密度与面积相乘，估算生态系统的碳储量。方精云等(2002)就是利用生物量方法推算中国森林植被碳库，采用土壤有机质含量估算我国土壤碳库。

（2）蓄积量法。蓄积量法是以森林蓄积量数据为基础的碳估算方法。其原理是根据对森林主要树种抽样实测，计算出森林中主要树种的木材密度（吨/立方米），根据森林的总蓄积量求出生物量，再根据生物量与碳量的转换系数求森林的固碳量。蓄积量法是生物量法的延伸，它继承了生物量法的优点，操作简便，技术直接、明了，有很强的实用性。但是，由于是生物量法的继承，在所难免会产生一些计量误差。郎奎建（2000）、杨永辉（1996）、李意德（1998）、康惠宁等（1996）都是采用木材蓄积乘以一定比例系数来估算广东森林碳库。

（3）生物量清单法。生物量清单法，就是将生态学调查资料和森林普查资料结合起来进行。首先计算出各森林生态系统类型乔木层的碳储存密度。

$$Pc = V \times D \times r \times Cc$$

式中：V——某一森林类型的单位面积森林蓄积量；

D——树干密度；

r——树干生物量占乔木层生物量的比例；

Cc——植物中碳含量。

然后再根据乔木层生物量与总生物量的比值，估算出各森林类型的单位面积总生物质碳储量。王效科等（2001）利用这种方法对各森林生态系统类型的幼龄林、中龄林、近熟林、成熟林和过熟林的植物碳贮存密度进行估算，再根据相应森林类型的面积得到中国各森林生态系统类型的植物碳储量。生物量清单法的优点是显而易见的。由于有了公式作为基础，其计量的精度大大提高，应用的范围也更加广泛。但由于各地区研究的层次、时间尺度、空间范围和精细程度不同，样地的设置、估测的方法等各异，使研究结果的可靠性和可比性较差；另外，以外业调查数据资料为基础建立的各种估算模型中，有的还存在一定的问题，而使估测精度较小，因而需要不断改进、完善。

2. 以微气象学为基础的相关方法

微气象学方法包括涡度相关法、驰豫涡旋积累法、箱式法。涡度相关法是一种直接测定植被与大气间 CO_2 通量的方法，主要是在林冠上方直接测定 CO_2 的涡流传递速率，从而计算出森林生态系统吸收固定 CO_2 量。这是目前测定地气交换最好的方法之一，也是世界上 CO_2 和水热通量测定的标准方法，已被广泛地应用于估算陆地生态系统中物质和能量的交换。该方法可测得生态系统长期或短期的环境变量，使人类可定量理解生态系统中 CO_2 的交换过程，能更深入了解气候变化对生态系统所造成的影响。涡度相关法可以为土壤—植被—大气之间的物质、能量交换模式提供一种直接验证的手段，可通过涡度相关技术所测得的碳通量来推算某一地区的净初级生产力和蒸发量。驰豫涡旋积累法（Relaxed Eddy Accumulation，REA）起源于涡旋积累法，其基本思想是根据垂直风速的大小和方向采集两组气体样本进行测量。这一技术直到在涡旋积累的思想中引入驰豫的思想，使得不定时采样转换为定时采样，演变成驰豫涡旋积累法。近年来，这一方法已应用到森林 CO_2 通量的计算。箱式法是用来测定土壤和植物群落的微量气体成分排放通量以测定碳储量的方法。

(二)广东林业碳汇计量监测理论平台

目前，广东碳汇计量监测理论平台有3个：一是森林资源理论平台，以森林资源为基础进行碳汇计量与监测，碳汇作为森林资源对碳聚积的结果，该理论重点借助国家森林资源连续清查理论成果和省级森林资源二类调查的理论成果。二是森林生态理论平台，森林生态学是研究森林群落与周围环境间相互关系的科学，森林生态学研究森林群落的结构、类型、地理分布特点以及随着时间与环境而变化的演替规律，森林群落吸收CO_2和释放O_2的过程，以及森林群落生物量与碳储量等方面，该理论重点借助广东森林与生态状况年度监测的理论成果。三是林业碳汇计量监测理论平台，目前国际国内都有较系统的林业碳汇监测理论，也有一定的实践基础，广东林业碳汇计量与监测依托现有林业碳汇理论，在此基础上进行丰富和创新，形成广东林业碳汇计量监测理论。

二、计量监测技术路线

以林业碳汇计量监测相关理论为指导，以国家森林资源连续清查广东省3685个固定样地以及广东省森林资源130万个地籍小班数据库为基础，以抽样技术、模型技术、"3S"技术、碳汇计量监测技术、森林资源"三类"调查技术等为支撑，通过固定样地调查、森林资源地籍小班遥感及实地验证调查、项目级造林作业地块实地调查、社会调查、模型预估、实验分析等信息采集方法，建立一个与森林资源"一类"、"二类"、"三类"调查相兼容的区域林业碳汇计量监测体系，碳汇计量监测结果能得到验证，实现碳汇计量监测技术框架共用，监测信息共享，能为社会大众、政府管理部门、项目建设主体提供不同层次的、不同需求的林业碳汇结果，成为广东社会、政府、企业个人林业碳汇信息的发布平台。目前，林业碳汇计量监测大多数只停留在项目级碳汇计量与监测上，对区域级碳汇计量监测未普遍展开，全国林业碳汇计量与监测体系正在建立，反映区域性林业碳汇计量监测成果较少。如果林业碳汇仅仅反映在具体项目中，而不能对全国、区域的碳汇量进行计量监测，则不能反映区域碳汇量的变化，也无法为社会、政府提供碳汇量信息，其功能远远不够。区域性林业碳汇计量监测目前大多以固定监测样地调查资料，根据固定监测样地所代表的面积对区域及全国的碳汇量进行推算。这对于较大范围的总体估算是可行的，但对于省级以下（不含省级）小区域范围内的碳汇量估算采用此方法是不准确的，也不能在实践中操作，迫切需要探寻一种以行政区域估算碳汇量的理论方法。区域级碳汇计量监测的方法仍在探索之中。

广东林业碳汇计量监测针对全省各级行政区域，以森林资源"一类"、"二类"清查数据为基础，可对区域林业碳汇总体进行无偏估计，在客观上能及时、准确反映区域林业总体碳汇量的变化，与项目级碳汇计量监测相比，这类监测方法适宜于大地域的面性监测。项目级碳汇计量监测，监测范围仅局限于项目建设范围，对项目基线碳贮量、项目过程中碳泄漏、项目碳增加均有较详细分析，能够准确完整地反映出项目建设地块碳汇变化规律。为此，广东林业碳汇计量监测体系就是利用区域级碳汇计量监测和项目级碳汇计量监测，建立全省碳汇计量监测体系框架，以满足全省大区域范围和项目级小地域范围碳汇监测的共同需要。

三、计量监测整体架构

根据广东碳汇计量与监测对象和需求内容，分为区域级碳汇计量监测与项目级碳汇计量监测（图3-1）。

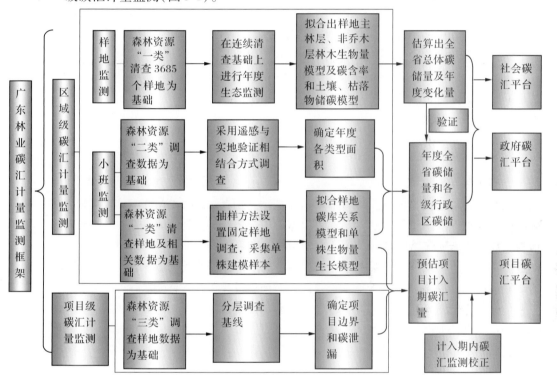

图 3-1 广东林业碳汇计量监测框架图

区域级碳汇计量监测按空间尺度不同，分为小班监测和样地监测。小班监测在森林资源"二类"调查资源档案数据的基础上，采用遥感与实地验证相结合方式调查，确定年度各类型面积；以森林资源"一类"清查样地及相关数据为基础，采取抽样方法设置固定样地调查，采集单株建模样本，计算样地碳库关系模型和单株林木生物量生长模型，汇总估算出年度全省碳储量。样地监测是利用森林资源"一类"清查3685个样地通过多期连清数据，利用样地主林层、非乔木层生物量模型、各树种（组）的碳含率以及枯落物、土壤的碳储量模型，最终估算出全省总体碳汇量的理论方法。样地监测所得总体碳储量，与小班监测所得碳储量进行验证比较分析。

项目级碳汇计量监测，是以森林资源"三类"调查数据为基础，确定项目边界，在分层基础上，计算基线碳储量及变化量，利用已有的单株林木生物量生长模型和参数，在扣除项目碳泄漏后预测项目计入期内碳汇量，并每5年对项目碳汇进行监测校正。

四、计量监测目标

广东林业碳汇计量监测目标是提供全省各种需求的碳汇量，建立区域林业碳汇监测平台，为省、市、县等各级行政区域提供年度碳汇监测结果，为社会公众提供各行政区域范围内的林业碳汇信息；为碳汇项目建设单位、碳汇交易提供准确的项目碳汇计量结果，建立可交易项目碳汇计量监测平台。

五、计量监测体系组成

根据碳汇监测对象和需求不同，广东林业碳汇计量监测体系设立区域碳汇小班监测系统、区域碳汇样地监测系统和项目碳汇计量监测系统进行监测。

（一）区域碳汇小班监测系统

小班监测在森林资源"二类"调查资源档案数据的基础上，采取分气候带、监测区、分地类、树种组、龄组进行。森林资源"一类"清查样点采用抽样方法来抽取省级碳汇监测样地，通过对碳汇固定样地专项调查，获取广东分气候带、地类、树种组、龄组的乔木层与灌木层、草本层、枯落物碳库关系模型及参数，形成广东林业碳汇计量监测的模型和参数体系；进行广东主要树种单株林木采样，获取建立广东主要树种森林生物量模型所需的乔木样本数据，测定样品的含水率、含碳系数，建立广东主要树种单株生物量生长模型，拟合乔木层生物量生长模型；计算出乔木层、灌木层、草本层、枯落物层以及土壤层碳储量，汇总得出全省及各地级行政区的总碳储量。

区域碳汇小班监测系统是区域碳汇监测体系的主要形式，其主要任务一是了解和掌握广东林业碳汇现状及动态变化；二是为社会大众、各级政府管理部门提供不同层次所需要的碳汇监测成果；三是向社会和大众发布监测年度内林业碳汇变化公报；四是通过分析和综合所有的碳汇监测成果，为政府决策部门提供林业碳汇评估报告和相关的政策分析报告。

（二）区域碳汇样地监测系统

区域碳汇样地监测是以森林资源"一类"清查 3685 个样地为基础，在连续清查基础上，利用清查间隔期进行年度生态监测，根据样地地类、树种、龄组等因子抽取 10% 连清样地跟踪调查。通过多期连清数据，计算出样地乔木层、下木层、灌木层、草本层生物量模型、各森林类型的碳含率以及枯落物、土壤的碳储量模型；通过年度生态监测，确定样地碳储量的变化，推算出全省总体储碳变化量，最终估算出全省年度总碳储量。

区域碳汇样地监测系统是区域碳汇监测体系的补充形式，其主要任务是对小班监测体系所产生的全省年度碳汇结果进行验证和修正，丰富林业碳汇的区域级监测的途径。

(三)项目碳汇计量监测系统

项目级碳汇计量监测是在项目基础上,通过森林资源"三类"调查,确定项目边界,进行基线分层和基线调查,确定基线碳储量,再根据项目作业所设计施工的地类、树种等,利用碳汇小班监测建立的广东主要树种单株生物量生长模型,测算项目计入期内的碳储量,并调查作业过程中所产生的碳泄漏,计量出项目计入期内净碳汇增量,并每5年进行一次监测校正。

项目级碳汇计量监测是对小面积造林作业进行的碳汇计量和监测,是完成可交易碳汇项目必不可缺的重要内容,其主要任务:一是计量出项目基线碳储量、碳泄漏量以及估算项目计入期内碳汇年度变化量;二是为项目业主或交易对象提供可信的计量报告;三是为碳汇购买对象提供碳汇监测期内的监测报告;四是为管理决策部门提供年度项目碳汇交易评估报告及政策分析报告。

六、计量监测数据衔接

(一)计量监测数据要求

广东林业碳汇计量监测数据来源较多,包括广东国家森林资源"一类"清查数据,全省森林资源"二类"清查数据以及森林资源"三类"调查数据,各项调查数据数量、范围、内容等各有不同,为形成全省统一碳汇计量的要求,必须对监测数据进行标准化,便于数据统计汇总。同时,为了提高各年度森林碳汇成果数据的可比性,在开展年度碳汇监测工作时,无论是外业调查技术标准、调查方法、调查要求、内业计算方法、采用模型与参数,都要前后期保持一致。如果不能保持一致,则需要对具体数据的变化进行计算,以对前后期数据进行修正后,才可进行前后期数据比较。后期新增加的监测内容,只作为初查成果来对待,要了解新增监测内容的变化,需要通过下一次年度复查才能得到。

(二)计量监测基本数据项

按照广东国家森林资源"一类"清查、广东省森林资源"二类"清查、森林资源"三类"清查有关技术要求,根据广东林业碳汇监测气候带、监测区、分地类、树种组、龄组的分层布设样地顺序,考虑到3种类型调查均达到的技术要求,确定广东林业碳汇计量监测的基本数据项。

(1)气候带:分为中亚热带、南亚热带和北热带3个气候带。

(2)监测区:在气候带基础上,分为粤北片区(中亚热带)、粤东片区(南亚热带)、粤西片区(南亚热带)、珠三角区(南亚热带)、雷州半岛区(北热带)。

(3)地类:在监测区范围内林地,分为乔木林、竹林、疏林地、国家灌木林、其他灌木林、未成林造林地、未成林封育地、苗圃地、采伐迹地、火烧迹地、其他无林地、宜林荒山荒地、宜林沙荒地、其他宜林地。

(4)树种组:对地类中乔木林、疏林地,需再分树种组。分为杉木、马尾松、湿地松、国外松、桉树、藜蒴、速生相思、南洋楹、木麻黄、荷木、枫香、台湾相思、其他软阔、其他硬阔、针叶混、针阔混、阔叶混、木本果、食用树种、林化树种、药用树种。

(5)龄组。在树种组基础上，再分为幼龄林、中龄林、近成过熟林3个龄级。

七、计量监测技术基础

广东林业碳汇计量监测体系的构建，主要建立在以下技术基础上。

(一)抽样技术

抽样技术是林业碳汇计量监测体系的技术基础。区域碳汇小班监测系统以及项目级中较大范围内的项目抽样在系统抽样技术的基础上，采用了抽样理论中的分层抽样技术。各监测样本容量均按照抽样精度要求、省级碳汇监测点、大型项目地籍小班数量和分布情况确定。分层抽样在区域小班监测系统中以国家森林资源连续清查样点为对象，采用气候带、监测区、地类、树种组、龄组来进行分层后再抽取样本；在项目级计量监测系统中以森林资源调查地籍小班为对象，采用分气候带、监测区、分建设对象(地类)、树种组、郁闭度、龄组进行分层后再抽取样本。具体抽样层数根据抽样总体具体情况确定。

(二)模型技术

模型技术是林业碳汇计量监测中计量碳汇的主要依据和手段。对众多类型数据的量化是林业碳汇计量监测中的重要组成部分，在监测各项内容中，可实测的部分，需建立实测部分的生物量生长模型；对在实际中无法直接调查和测定的，监测过程中只能通过监测与之相关的其他容易测定的因子，作为辅助变量，采用碳汇数学模型加以模拟，实现对这些因子的估测。所有碳汇计量模型均要在分气候带、监测区、地类、树种组、龄组的基础上建立。

(三)森林资源调查技术

森林资源调查技术是林业碳汇计量监测的基础，包括森林资源"一类"、"二类"、"三类"调查技术，在林业碳汇宏观监测系统中，以"一类"和"二类"调查技术为基础，在项目级监测体系中，以"二类"和"三类"调查技术为基础，按森林资源调查技术要求重点对监测区林地内地类、林种、郁闭度、优势树种(组)、树高、胸径、年龄、起源、森林结构、灌木、草木、土壤、枯枝落叶、林下腐殖质等进行调查，以满足林业碳汇计量的各项要求。

(四)遥感技术

遥感具有获取信息多、信息量大、受条件限制少等特点。应用遥感技术，以遥感影像图作为主要信息源，配合部分地面调查，可快速准确地监测林地的各种类型变化，掌握林地变化的数量、类型、分布等情况，通过对林地变化的更新，从而反映到区域级宏观碳汇量变化。遥感技术应用到碳汇计量监测中，是林业碳汇监测技术的发展方向。近几年来，随着航天遥感技术的迅速发展，遥感技术在碳汇计量监测中有着更为广泛的前景，为快速准确地反映林业碳汇的状况及碳汇变化动态监测提供了技术保障。

（五）地理信息系统技术

地理信息系统（GIS）是一种特定空间信息系统。它是在计算机硬、软件系统支持下，对整个或部分地球表层空间中的有关地理分布数据进行采集、储存、管理、运算、分析、显示和描述的技术系统。地理信息系统在碳汇计量监测中主要应用于三个方面：一是对监测数据管理，GIS 将图形库与数据库有机结合，使林业碳汇数据管理应用达到一个新水平，可对碳汇监测数据实时查询，可以通过属性数据查询，得到符合条件的空间数据。图形和属性这种联结查询，可以随时对碳汇状况进行了解和统计分析，从而实现对监测数据的科学管理；二是对林地数据实时更新，在 GIS 中，对已发生变化的林地小班，可进行适时图形和属性数据更新，反映碳汇量变化；三是碳汇数据统计报表和图形输出，通过属性数据库和图形数据库，对林业碳汇各类统计表格、空间数据图形打印。

（六）实验技术

样地、样木调查和建模数据的获取均需实验技术支撑，如土壤调查需对林地土壤理化性质、土壤有机碳、土壤含水率等内容进行分析，样地乔木层、下木层、灌木层、草本层各植物种类碳含率、含水率的实验分析测定。实验技术是获取建模各类参数和系数的主要手段。

第二节 区域林业碳汇计量监测

一、目的与任务

区域林业碳汇计量监测主要任务是：获取各森林类型植被碳库和土壤碳库计量监测的关系参数与模型，为全省开展依据乔木层调查成果进行其他碳库计量监测工作提供支撑，同时为全省开展温室气体清单和碳排放交易工作提供基础。主要包括以下几个方面：

一是估算年度森林碳变化量，利用森林资源数据，遵循《1996 年 IPCC 国家温室气体清单指南修订本》，按照广东省发改委碳排放权交易实施方案的要求，利用广东省已建立的森林生物量计量模型和参数，计量所需年度森林碳变化量。

二是估算可交易碳汇量，根据国家对林业碳汇交易类项目的认定和管理要求，估算全省林业碳汇项目可交易碳汇量。

三是估算森林碳储量，通过广东省森林生物量数据，进行林业碳汇计量模型和参数体系的建立，分析和完善广东省森林植被生物量，从而进行全省碳储量的估算。

四是建立森林碳汇基础数据库，加工整理广东省森林资源数据，按照碳汇计量监测要求，进行信息分类和整理，提取碳汇计量需要的林地信息，建立广东省森林碳汇基础数据库。

区域林业碳汇计量监测主要内容包括建立乔木层与灌木层、草本层、枯落物层碳库关系模型和参数，建立广东主要树种单株生物量生长模型，基于遥感和 GIS 技术的年度林地类型面积变化监测，区域碳汇监测数据计算与应用等内容。

二、建立乔木层与灌木层、草本层、枯落物层碳库关系模型和参数

(一)建模方法

在初步建立起生物量模型、植物有机碳分布模型和林地土壤有机碳分布模型的基础上，结合广东省气候植被地带，在每个监测区按地类划分，再按树种（组）和龄组布设满足建模要求的样地，建立乔木层与灌木层、草本层、枯落物层碳库估算关系模型与参数，获取相应土壤类型的有机碳估算参数，建立广东省不同区域、不同林地地类、不同树种（组）、不同龄级的各层碳库关系模型库和主要参数库。

(二)建模总体

1. 广东林业碳汇监测区及样地布设

广泛收集历次森林资源清查、生物量调查、土壤调查、土地利用变化和气象数据等资料，根据广东省不同气候区、林地类型及所占全省面积的大小，分中亚热带典型常绿阔叶林地带（1 个监测区）、南亚热带季风常绿阔叶林地带（3 个监测区）、热带北缘季雨林和雨林地带（1 个监测区），共 5 个监测区（表 3-1）；每个监测区根据林地类型划分乔木林、竹林、疏林地、国家灌木林、其他灌木林、未成林造林地、未成林封育地、苗圃地、采伐迹地、火烧迹地、其他无林地、宜林荒山荒地、宜林沙荒地、其他宜林地共 14 个地类；将乔木林、疏林划分为杉木、马尾松、湿地松、国外松、桉树、藜蒴、速生相思、南洋楹、木麻黄、荷木、枫香、台湾相思、其他软阔、其他硬阔、针叶混、针阔混、阔叶混、木本果、食用树种、林化树种、药用树种 21 个树种（组），再在树种组基础上分 3 个龄级（幼、中、近成过熟林）布设固定监测样地。根据广东实际情况，每个地类、树种组设置 30 个监测样本，如果各地类、树种样本总体数不够 30 个，则全部纳入抽样样本。

表 3-1　广东林业碳汇计量监测的监测区及单位分布表

气候带	监测区	监测单位
中亚热带	粤北片区	韶关市、清远市、河源市(除紫金县外)、梅州市、肇庆市的怀集县
南亚热带	粤东片区	汕头市、汕尾市、潮州市、揭阳市、河源市的紫金县、惠州市的龙门县
	粤西片区	云浮市、茂名市(除茂南区、茂港区外)、阳江市、肇庆市的广宁市、德庆县、封开县
	珠三角区	广州市、佛山市、中山市、珠海市、江门市、深圳市、东莞市、惠州市(除龙门县外)、肇庆市的四会市、高要市、端州区、鼎湖区
北热带	雷州半岛区	湛江市、茂名市的茂南区、茂港区

　　监测区按照以县(市、区)作为整体进行划分,同时考虑到市、县整体的连续性,跨气候带时,一般采用所处气候带面积较大的部分作为其气候带下属的监测区。

　　2. 省级林业碳汇建模样本与国家级建模样本

　　(1)国家级林业碳汇监测体系广东建模样本抽样。在森林资源一类清查样地上,按气候带(分热带、亚热带)森林起源(分天然、人工)、森林类型(分针叶林、阔叶林、针阔混交林)抽取样地。其中,天然植被各森林类型再分幼、中、近成过三级龄组进行样地抽取。以此原则,广东省共抽取样地 246 个,广东省样地抽取分配表见表 3-2。

表 3-2　国家级林业碳汇监测体系建设广东省分植被类型样地分配表

气候带	天然植被									人工植被			合计
	针叶林			针阔混交林			阔叶林			针叶林	针阔混交林	阔叶林	
	幼	中	近成过	幼	中	近成过	幼	中	近成过				
合计	11	15	11	13	13	9	20	20	18	30	25	61	246
亚热带	11	15	11	13	13	9	15	15	13	25	20	31	191
热带							5	5	5	5	5	30	55

　　(2)省级林业碳汇建模样本与国家级建模样本关系。由于省级林业碳汇建模样本气候带、监测区、所涉及分层层级和内容均与国家级建模样本的不同,因此二者隶属于不同的体系,并无关联。但在相同监测点条件下,省级建模样本尽量包括国家级建模样本,使国家级建模样本尽量与省级建模样本重叠。

(三)样地主要调查内容和调查因子

　　样地调查工作除了需要获取森林生态系统碳库计算必需的林分因子、样地因子外,还需在室内测定一些指标用于分析和换算。样地所需调查和测定因子如表 3-3 所示。

表 3-3　主要调查与测定因子

调查与测定大类	调查因子
样地调查	坐标(经纬度)、地貌、地形、海拔、林地类别
林分调查	乔木: 起源、胸径、树高、林龄(龄组)、树种组成、林分密度、立地条件等
	灌木: 优势种、平均高、地径、盖度、株数、鲜重
	草本: 优势种、平均高、盖度、株数、鲜重
	枯倒木: 胸径、顶部直径、高度、密度
	枯落物: 厚度、鲜重
土壤调查	类型、厚度、容重(环刀土样)、土壤样品(用于测定土壤有机质)
室内测定	植物样品(灌木和枯落物)干重、容重(环刀土样干重)、土壤有机质

(四)外业调查方法

1. 乔木层样地调查

乔木层样地调查主要包括: 每木调查活立木(含枯死木)的胸径, 并在样地内选择 3~5 株处于平均胸径的林木测定其树高, 作为样地的平均树高。乔木层起测胸径为 5.0 厘米。枯死木调查: ①对于枯立木, 测定胸径和实际高度, 记录其枯立木分解状态。②对于枯倒木, 测定其区分段直径和长度, 按 1 米 区分进行材积计算。利用生物量计算模型与参数进行生物量和碳储量计算。

2. 灌木草本层样方调查

灌木层、草本层、枯落物采用样方进行收获法调查, 在样地四个角外任选 3 个角进行灌木和枯落物生物量调查样方设置, 灌木层设置 3 个 2 米 ×2 米样方, 草木层、枯落物调查设置 3 个 1 米 ×1 米样方。

(1)灌木收获和鲜重测定。调查灌木层优势种(包括每木调查时不足起始检尺的 $D \leqslant 5.0$ 厘米的上层乔木树种的幼树在内)、盖度(冠幅)。计数样方内株数, 选择其中 3 株平均胸径的灌木作为标准木, 对选取的 3 株标准灌木要进行种名、高度、地径(距地面 30 厘米处)的记录, 灌木优势种类按杜鹃、桃金娘、岗松、杂灌、竹灌、红树林的其中一种调查记载; 分别取 3 株标准灌木的干、枝、叶以及地下根系的一部分, 将 3 株分部位的样品分别混合取样, 带回实验室测定其含水率。每个样方混合采集的样品不少于(200~500 克), 称重精确到 10 克。样品采集好后, 将采集的样品分别放入样品袋内并附上统一编号的标签, 同时在样品采集清单上作好记录。标签应写明样地号、样方号、采集地点、样品类型、采集人和采样日期等相关内容, 带回实验室测定其含水率。

(2)草本收获和鲜重测定。确定样方草本的优势种, 草本优势种类按芒萁、蕨类、大芒、小芒、杂草的其中一种调查记载。记录其总盖度、平均高, 采集 200~500 克样品, 称重精确到 10 克。样品采集好后, 将采集的样品分别放入样品袋内并附上统一编号的标签, 同时在样品采集清单上做好记录。标签应写明样地号、样方号、采集地点、样品类型、采集人和采样日期等相关内容, 带回实验室测定其含水率。

（3）枯落物层采样。用耙子收集样方内全部枯落物，包括各种枯枝、叶、果、枯草、半分解部分等混合物，剔除其中石砾、土块等非有机物质，取样500～1000克，带回实验室称取干重。

3. 土壤调查

土壤有机碳调查方法采用剖面法调查。

土壤碳库调查及测定内容包括：土壤类型、土层厚度、土壤容重、含水率和有机质含量。

在样地外邻近地块，选一代表性区域进行土壤剖面挖掘，每个剖面按0～10厘米、10～30厘米、30～100厘米土层采样，土层厚度不到100厘米，按实际厚度分层取样，超过100厘米按100厘米分层取样。每层采样约200～300克，并用标签记录样地号、土样编号、土壤厚度、土层等内容。带回实验室进行土壤容重、含水率及有机质的测定。

4. 内业实验分析

（1）样品分类。对采样的植物和土壤样品分别进行分类整理。

（2）样品烘干称重。对所有外业调查带回的样品，分类单独存放，分别将样品袋上的记录统一转抄到内业干鲜比测定表中。植物样品采用布袋盛放烘干。称取烘干后干重，填入记录表中，计算各样品干鲜比。

（3）土壤容重和有机质测定。土壤容重采用烘干称重法，在实验室内，将野外采取的土壤环刀土样置于烘箱内，105℃烘至恒重，称重。

土壤有机质测定：经过风干、研磨、过筛等预处理制备土壤分析样品，采用重铬酸钾氧化－外加热法或元素分析仪测定土壤样品的有机质含量。

（五）样地碳库单位面积生物量计算

1. 乔木层

基于各样地每木调查结果，计算样地蓄积量，同时选择合适的异速生长方程，计算样地乔木层生物量。样地乔木层干重（千克）需换算成以吨为单位的每公顷乔木层生物量。

2. 灌木层、草本层

根据调查样方灌木（草本）株数/丛数、样品鲜重、样品干重数据，计算各乔木样地的灌木（草本）总干重，再求出单位面积生物量。

3. 枯落物

根据调查样方总鲜重、样品鲜重、样品干重数据，计算各样方灌木、枯落物总干重，再求出单位面积生物量。

4. 枯死木

基于样地每木调查数据，分别按枯立木和枯倒木计算生物量。累加样地中所有枯立木和枯倒木生物量，得到样地枯死木单位面积生物量。

5. 土壤有机碳

基于样地各土层土壤容重、厚度、有机质含量等调查、测定数据，分别计算土壤剖面有机碳密度。

(六)样地碳库参数设置

1. 乔木地下和地上生物量之比参数

根据调查样地乔木树种的胸径和树高,选用合适的异速生长方程,计算出乔木层地上生物量和地下生物量,并得出样地单位面积地上生物量和地下生物量。

对同一区域相同林地类型,计算其地下生物量与地上生物量之比,得出此林地类型的平均地下生物量与地上生物量之比(根/茎比)。通过一定样地数量计算所得结果,需要进行方差、精度以及估计区间等方面的分析。

2. 灌木层、草本层、枯落物生物量单位面积生物量参数

根据外业调查数据、内业测定的干鲜比(含水率),计算出各样方灌木(含地上和地下)和枯落物生物量,进一步计算出不同林地类型的单位面积生物量。分别建立所有乔木样地乔木层生物量(或蓄积量)与对应灌木层、草本层、枯落物层的生物量的关系。同时分别计算出各林地类型的灌木层、枯落物层单位面积生物量平均值,并分析平均值的方差、精度与估计区间。

3. 灌木层、草本层、枯落物层生物量与乔木层回归关系

(1)灌木层、草本层、枯落物生物量关系方程采用以下通式表示:

$$M_{灌木层} = f(M_乔) \qquad M_{草本层} = f(M_乔) \qquad M_枯 = f(M_乔)$$

式中,$M_{灌木层}$——每公顷灌木层生物量;

　　　　$M_{草本层}$——每公顷草本层生物量;

　　　　$M_枯$——每公顷枯落物层生物量;

　　　　$M_乔$——每公顷乔木层生物量。

(2)利用统计软件(SPSS、SAS 软件),建立灌木层、草本层、枯落物层生物量与乔木层地上生物量(蓄积量)关系方程。依据散点图分布特点,选用线性方程、对数方程、多项式(二次或多次)、幂函数和指数方程等函数,分别建立灌木层、草本层、枯落物层生物量与乔木层生物量的关系方程。

4. 土壤单位面积有机质参数

根据外业调查数据、内业测定的样地各土层土壤容重、厚度、有机质含量,计算出主要林地类别的森林土壤容重、有机质含量等参数,进一步计算出不同林地类别土壤的单位面积有机质含量。分别建立所有地类、乔木树种组与对应土壤有机质含量的关系。同时分别计算出各林地类别的土壤有机碳平均估计值,并分析平均值的方差、精度与估计区间。

(七)建模技术精度要求

广东省林业碳汇计量监测抽样调查精度要求:

(1)乔木林、疏林地生物量抽样调查精度≥95%,其他地类生物量抽样调查精度≥95%。

(2)固定样地复位率≥98%,固定样木复位率≥95%。

(3)复位样地周界误差<1%。

(4)每木检尺株数误差<5%。

（5）胸径测量误差＜1.5%。

（6）树高测量误差＜5%。

（7）地类、林种、优势树种（组）不允许有错。

（8）灌木层必须有样品采集，灌木层高度允许误差为10%，地径允许误差为5%。

（9）凋落物层必须有样品采集。

（10）各项样品鲜重误差率为10%，烘干称重误差率为5%。

三、建立广东主要树种单株生物量生长模型

（一）建模技术路线

通过野外调查，获取建立森林生物量模型所需的乔木样本数据，实验测定样品的含水率和固碳系数，建立广东主要树种的生物量生长模型，为广东宏观碳汇监测和项目碳汇监测奠定基础。

广东主要树种生物量调查建模主要包括样本采集、参数测定、拟合模型3个环节。

（二）样本采集

根据广东森林资源中的主要树种以及"一类"、"二类"档案数据库中树种（组）的分类，确定广东省树种单株生物量建模的主要树种为：荷木、枫香、樟树、火力楠、红锥、杉木、马尾松、湿地松、桉树、藜蒴、马占相思、大叶相思、南洋楹、木麻黄、台湾相思、千年桐、荔枝、龙眼、油茶、橡胶、肉桂、毛竹等。

广东省主要树种生物量调查建模采用单株伐倒法进行取样，每个树种按10个径阶区间抽取，每个径阶区间分别抽取15株样木，共抽取150株样木，并进行三分之一的样木树根采样。另外采集检验样本30个，每个树种共进行样本采集180株。

10个径阶区间的胸径分别为：①1.5～2.5厘米；②3.5～4.5厘米；③5.5～6.5厘米；④7.5～8.5厘米；⑤11.0～13.0厘米；⑥15.0～17.0厘米；⑦19.0～21.0厘米；⑧25.0～27.0厘米；⑨31.0～33.0厘米；⑩37.0厘米以上。

样本抽取时，每个树种每个径阶组内的样本数量尽量按树高级均匀分布，并考虑冠幅、冠长等因子具有代表性。样本选取还应综合考虑立地条件、龄组结构、密度等因素，确保所采集的样本满足按径阶、树高、冠幅、冠长等因子分布的要求，并具有充分的代表性。生物量建模样本采样一般在植物的生长旺季进行，同时应避免在雨天进行作业。主要造林树种调查建模综合考虑气候带、监测区、分布区域以及树种起源，各树种按当地的中心产区、普通产区、边缘产区分别取样。

(三)系数测定

实验测定每株样木干、枝、叶、根各个样品湿重、干重、木材密度,分析样木各部分的含水率、含碳系数。

1. 含水率测定

含水率是指样品中水的含量。具体测定方法是:将外业采集的样品先置于150℃恒温下烘 2 小时,再在 85℃恒温下烘 5 小时进行第一次称重,然后每隔 2 小时称重 1 次,直至两次重量相对误差≤1.0%时,将样品取出放入玻璃干燥器皿内冷却至室温再称其干重,计算每个样品的干鲜重比和含水率,并按材积加权法计算样木的含水率。

2. 含碳系数测定

含碳系数是指植物体中的有机碳占植物体有机物总质量的百分比。具体采用干烧法(高温电炉灼烧)测定,即从已烘干的干物质中选取 5g,研磨粉碎并均匀混合,称取约 20mg 试样,放入有机元素分析仪中进行样品有机元素(C、H、O、N 等)含量分析,测定其碳元素含量。每个样品 2~3 次重复,每次重复测定的误差控制在 ±0.1% 以内,取误差为 ±0.1% 的 2 次测定结果的平均值作为样品的含碳系数。

(四)模型建立

在样木(样品)数据测定的基础上,研究确定建模技术方法,建立单株样木树干、树枝、树叶生物量与样木胸径、树高、冠幅、冠长、材积之间的回归模型。

1. 数据计算

以建模树种为单位,根据各样本的鲜重和含水率计算出样本各部分(干、根、枝、叶)的绝干重(生物量)和总生物量。

2. 模型选择

乔木生物量模型采用以下两种通式:

$$M_i = f(D, H) \times V \text{ 或 } M_i = f(D, H, W_d, W_l) \times V$$

式中:M_i 为样木的树干、树根、树枝、树叶生物量或总生物量;D 为样木胸径;H 为树高;W_d 为冠幅;W_l 为冠长;V 为材积。

具体结构式应根据建模数据的变化规律确定,如二元生物量模型可以设计为 $M_i = a_i(D^2 H)^{b_i} \times V$,其中 a_i、b_i 为常数项。

竹类和下木生物量模型一般采用如下通式:

$$M_i = f(D, H)$$

式中:M_i 为样木的干、根、枝叶生物量或总生物量;D 为胸径;H 为竹类或下木高度。

3. 模型参数计算

利用有关统计软件(SPSS、SAS 或 ForStat 2.0 软件),采用最小二乘法建立乔木生物量模型。当回归模型检验存在异方差时,要采用加权最小二乘法估计各模型的参数，并选用权函数来消除异方差对参数估计的影响，确保模型的通用性。

(五)模型检验

1. 模型自检

利用建模样本的实测生物量和模型估计生物量计算总相对误差、平均系统误差、相对误差绝对值平均数和预估精度等统计指标，同时观察残差分布是否随机，以评价模型是否达到预定要求。

将建模样本按径阶组分成若干个区段，分段计算总相对误差、平均系统误差、相对误差绝对值平均数和预估精度等统计指标，比较模型在各区段精度，并分析是否存在偏差。

2. 适用性检验

利用检验样本的实测生物量和模型估计生物量计算总相对误差和估计精度。当估计精度低于规定要求时，要分析原因，必要时要适当增加样本数量，以提高模型的估计精度。

(六)技术精度要求

(1)样木(样品)选择、采集方法与数量符合本规定要求，合格率要求100%。

(2)样木直径(胸径、地径)测量允许误差在1.5%以下，树高、冠幅、冠长、枝下高等测量允许误差3.0%以下。

(3)干、枝、叶、根鲜重称量误差在1.0%以内，干重称量误差在0.1%以内。

(4)实验室实验数据测定结果，误差在1.0%以内。

四、基于遥感和GIS技术的年度林地类型面积变化监测

(一)监测方法

基于RS和GIS技术的年度林地类型面积变化监测，结合广东省森林资源与生态状况年度监测同时进行。其监测方法和步骤为：一是在充分查阅前人利用"3S"技术进行森林资源调查、监测研究成果的基础上，收集和整理相关区域的遥感影像、森林资源历史档案数据；二是对收集到的当年及往年遥感影像进行大气校正、地形较正、几何精较正、图形变换、图形增强等预处理；三是利用两年度的遥感影像进行对比、检测，提取两年度遥感影像变化信息；四是利用GIS中森林资源档案数据资料，根据两年度遥感影像变化信息，确定突变地籍小细班；五是对突变地籍小细班进行实地调查，并结合所收集到的当年造林资料、森林火灾、森林病虫害、森林采伐、征占用林地以及其他林地变化方面的资料，确定各变化地籍小细班的变化类型、范围；六是将变化地籍小细班属性数据输入年度林地类型面积变化监测台账，经逻辑检查后，生成本年度森林资源档案数据和年度林地变化数据。

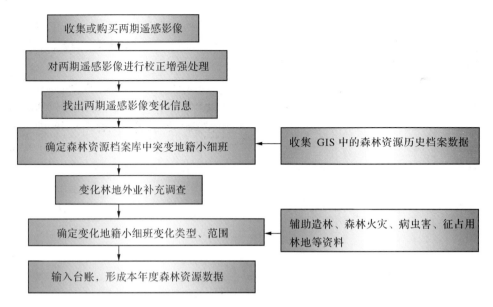

图 3-2 基于遥感和 GIS 技术的年度林地类型面积变化监测

(二)监测总体

林地类型面积年度变化的监测总体是全省森林资源档案 130 多万个地籍小细班,是在 GIS 系统中的森林资源历史档案数据库,监测重点是在年度期间林地类型、面积发生变化的地籍小细班,通过地籍小细班变化反映监测总体的变化。

(三)监测目标内容

林地类型面积年度变化监测的目标内容是确定当年度林地各类型面积以及年度林地类型面积的变化量。林地各类型面积包括:

(1)分监测区的竹林、国家灌木林、其他灌木林、未成林造林地、未成林封育地、苗圃地、采伐迹地、火烧迹地、其他无林地、宜林荒山荒地、宜林沙荒地、其他宜林地等 12 个地类的总面积和变化面积。

(2)分监测区乔木林中的杉木、马尾松、湿地松、国外松、桉树、藜蒴、速生相思、南洋楹、木麻黄、荷木、枫香、台湾相思、其他软阔、其他硬阔、针叶混、针阔混、阔叶混、木本果、食用树种、林化树种、药用树种共 21 个树种(组)分 3 个龄级的总面积和变化面积。

(3)分监测区疏林地中的杉木、马尾松、湿地松、国外松、桉树、藜蒴、速生相思、南洋楹、木麻黄、荷木、枫香、台湾相思、其他软阔、其他硬阔、针叶混、针阔混、阔叶混、木本果、食用树种、林化树种、药用树种共 21 个树种(组)分 3 个龄级的总面积和变化面积。

(四)遥感影像数据采集与处理

购买全省最新年度的中分辨率卫星遥感影像数据(如 Landsat-5 TM、IRS-P6、SPOT-2/4、CBERS-01/02 等)。在当年及前一年度共两个年度原始遥感影像的基础上，除去条带噪声、进行大气校正、几何精纠正、地形纠正、图像变换、图像增强、图像融合等处理，最后形成可供比较的两个年度遥感变化特征图像，为变化地籍小(细)班监测准备(图3-3)。

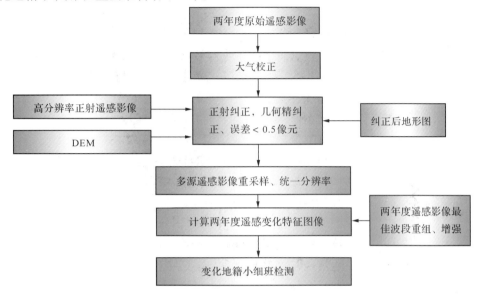

图3-3 遥感影像数据采集与处理

(五)变化地籍小班检测

通过提取所有小(细)班前后期遥感数据特征并进行分析，对突变小(细)班进行检测。在特征分析基础上，对于每一景，通过对前后期小(细)班的遥感影像特征进行分析，确定阈值及条件，进行计算机自动检测，也可利用前后期遥感影像的波段组合进行目视检测。在操作过程中，在经过反复的分析基础上，找出最佳阈值或条件进行计算机自动检测。重点对年度期间发生较大变化的突变小(细)班，由于经营活动或自然灾害等原因，导致面积、地类发生变化的小(细)班，或者是蓄积量非正常变化的幅度超过30%的小(细)班进行检测。初步检测形成了区域小(细)班突变数据，并对这些数据进行野外调查验证、修改(图3-4)。

(六)外业补充调查

收集区域有关林地变化资料，主要是当年造林资料、森林火灾、森林病虫害、森林采伐、征占用林地以及其他相关林类别面积变化方面的资料，确定资料上变化的地籍小(细)班，同时根据遥感检测出的突变地籍小(细)班，共同确定需要外业补充调查的地籍小(细)班，然后进行这些小细班的实地验证、修改。

外业调查地籍小(细)班的监测因子包括：地类、林地所有权、林地使用权、林木所有权、流域、工程类别、地貌、坡位、坡向、坡度、海拔、立地类型、林种、事权与保护等级、是否国家生态林、优势树种、生态经济树种、起源、郁闭度、平均年龄、龄组、平均树高、平均胸径、公顷株数、可及度、天然更新等

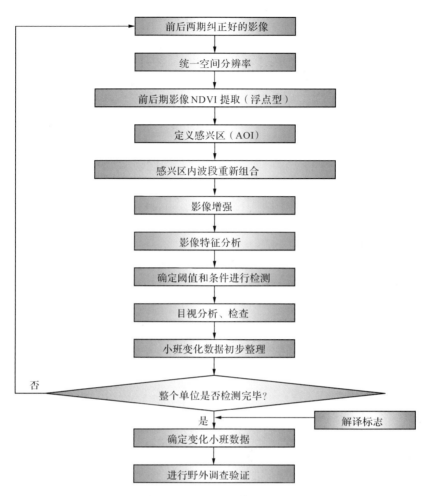

图3-4 地籍小(细)班突变计算机检测流程图

级、经营措施、生长类型、成活(保存)率、散生木蓄积、生态功能等级、自然度、灾害类型等级、森林健康度、土壤侵蚀类型与等级、森林景观等级、沙化类型、石漠化类型与等级、石漠化成因、小细班界线改变年度、下木种、下木基径、下木高、灌木种、灌木高、灌木覆盖度、草本种、草本平均高、草本覆盖度。

(七)林地数据更新

根据利用遥感信息检测出来的突变小(细)班,结合年度造林作业设计、采伐作业设计、森林火灾和病虫害受灾资料、征占用林地资料等,在外业核查的基础上建立台账数据库,更新全省林地小班空间和属性数据,检测及调查出来的突变小(细)班全部进行台账输入(图3-5)。

(八)区域年度林地数据汇总

在台账因子全部输入后,经全面检查无遗漏,并通过逻辑检查的情况下,得

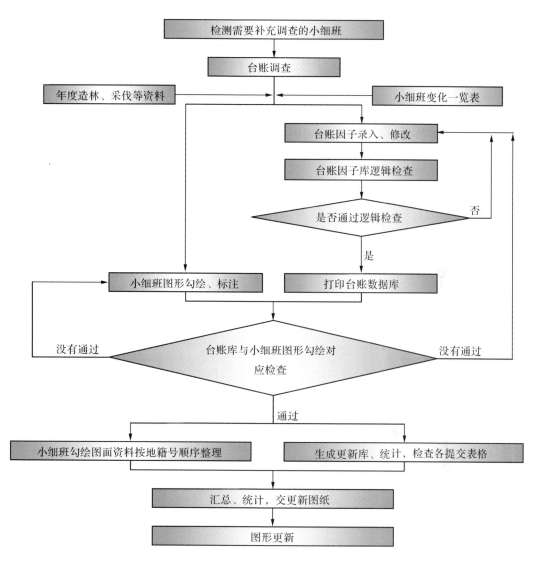

图 3-5 台账更新流程图

到区域内各地类别面积汇总数据及变化面积的汇总数据，汇总全省森林资源数据，为全省碳汇量计算提供面积基数。

五、区域碳汇监测数据计算与应用

（一）基于森林资源"二类"调查小班监测的碳储量数据计算与应用

1. 区域林业碳汇计算对象

主要对林地内碳汇量进行计量和监测，主要包括 4 个林地碳库：

（1）林木碳库（含地上、地下生物量）。林木（包括竹类）生物量分地上和地下生物量两个部分，是以干重表示的所有活立木生物量，包括树干、树皮、树枝、树叶、种子（或花）、树桩、根系以及所有枯立木、倒木、直径大于或等于 5 厘米或其他规定直径的地表木质残体、死根和树桩的生物量。

(2)林下植被碳库(含灌木、草本生物量)。指林下生长的灌木和草本的生物量。

(3)森林枯落物碳库。是指矿质土层或有机土壤以上、直径小于5厘米或其他规定直径的、处于不同分解状态的所有死生物量,包括凋落物、腐殖质。

(4)森林土壤碳库。一定深度内矿质土和有机土(包括泥炭土)中的有机碳,包括不能以经验从地下生物量中区分出来的小于一定直径的活细根。

2. 主要生物量模型及参数设置

根据已建立的广东主要树种单株生物量生长模型,灌木层、草本层、枯落物生物量单位面积生物量系数方程以及灌木层、草本层、枯落物生物量与乔木层关系方程,拟合出分气候带、地类、树种(组)、龄组的广东林地主要地类和林分生物量模型、参数,主要生物量模型、参数包括:

(1)分气候带的竹林、国家灌木林、其他灌木林、未成林造林地、未成林封育地、苗圃地、采伐迹地、火烧迹地、其他无林地、宜林荒山荒地、宜林沙荒地、其他宜林地等12个地类的灌木、草本单位面积生物量系数。

(2)分气候带乔木林中的杉木、马尾松、湿地松、国外松、桉树、藜蒴、速生相思、南洋楹、木麻黄、荷木、枫香、台湾相思、其他软阔、其他硬阔、针叶混、针阔混、阔叶混、木本果、食用树种、林化树种、药用树种共21个树种(组)分3个龄级的乔木生物量生长模型。

(3)分气候带疏林地中的杉木、马尾松、湿地松、国外松、桉树、藜蒴、速生相思、南洋楹、木麻黄、荷木、枫香、台湾相思、其他软阔、其他硬阔、针叶混、针阔混、阔叶混、木本果、食用树种、林化树种、药用树种共21个树种(组)分3个龄级的乔木生物量生长模型。

(4)林地中的杉木、马尾松、湿地松、国外松、桉树、藜蒴、速生相思、南洋楹、木麻黄、荷木、枫香、台湾相思、其他软阔、其他硬阔、针叶混、针阔混、阔叶混、木本果、食用树种、林化树种、药用树种共21个树种(组)及竹林、灌木林碳含率。

3. 区域林业碳汇面积计算基数

以广东省森林资源"二类"调查档案统计数据为基础,采用遥感判读与实地验证相结合方式调查,确定森林资源档案年度面积数据,作为区域林业碳汇面积计算基数。计算基数包括:各行政区乔木林、竹林、疏林地、国家灌木林、其他灌木林、未成林造林地、未成林封育地、苗圃地、采伐迹地、火烧迹地、其他无林地、宜林荒山荒地、宜林沙荒地、其他宜林地等14个地类面积;乔木林、疏林地中的杉木、马尾松、湿地松、国外松、桉树、藜蒴、速生相思、南洋楹、木麻黄、荷木、枫香、台湾相思、其他软阔、其他硬阔、针叶混、针阔混、阔叶混、木本果、食用树种、林化树种、药用树种共21个树种(组)分3个龄级(幼、中、近成过熟林)的面积。

4. 区域林业碳汇计算方法

广东省林业碳库包括林木碳库、林下植被碳库、森林枯落物碳库、森林土壤碳库等四大碳库，四大碳库数据汇总即为区域总碳储量。

（1）林木碳库计算。林木碳库包括乔木林中林木碳储量和疏林地中林木碳储量。

乔木林中林木碳储量：利用乔木林中的杉木、马尾松、速生相思等21个树种（组）分3个龄级的乔木生物量生长模型，计算出单位面积乔木林中的生物量，乘以分树种（组）的碳含率，再乘以基于遥感和GIS技术的年度林地类型面积变化监测中各树种（组）的面积后，得出乔木林中林木碳储量。

疏林地中林木碳储量：利用疏林地中的杉木、马尾松、速生相思等21个树种（组）分3个龄级的乔木生物量生长模型，计算出单位面积疏林地中的生物量，乘以分树种（组）的碳含率，再乘以基于遥感和GIS技术的年度林地类型面积变化监测中各树种（组）的面积后，得出疏林地中林木碳储量。

（2）林下植被碳库计算。林下植被碳库包括非乔木林疏林地类林下植被碳储量、乔木林地林下植被碳储量和疏林地林下植被碳储量。

非乔木林疏林地类林下植被碳储量：根据已测得的竹林、国家灌木林、其他灌木林等12个地类单位面积生物量系数，乘以各地类灌木、草本的碳含率，再乘以基于遥感和GIS技术的年度林地类型面积变化监测中非乔木林疏林地类12个地类的面积，得出非乔木林疏林地类林下植被碳储量。

乔木林地林下植被碳储量：利用乔木林中的杉木、马尾松、速生相思等21个树种（组）分3个龄级的乔木生物量生长模型，计算出单位面积乔木林中的生物量，再根据灌木层、草本层生物量与乔木层生物量的关系方程，计算出单位面积乔木林林下植被生物量，乘以灌木、草本的碳含率，再乘以基于遥感和GIS技术的年度林地类型面积变化监测中各树种（组）的面积后，得出乔木林地林下植被碳储量。

疏林地林下植被碳储量：利用疏林地中的杉木、马尾松、速生相思等21个树种（组）分3个龄级的乔木生物量生长模型，计算出单位面积疏林地中的生物量，再根据灌木层、草本层生物量与乔木层生物量的关系方程，计算出单位面积疏林地林下植被生物量，乘以灌木、草本的碳含率，再乘以基于遥感和GIS技术的年度林地类型面积变化监测中各树种（组）的面积后，得出疏林地林下植被碳储量。

（3）森林枯落物碳库计算。森林枯落物碳库包括非乔木林疏林地类森林枯落物碳储量、乔木林地森林枯落物碳储量和疏林地森林枯落物碳储量。

非乔木林疏林地类森林枯落物碳储量：根据已测得的竹林、国家灌木林、其他灌木林等12个地类的森林枯落物单位面积生物量系数，乘以各地类枯落物碳含率，再乘以基于遥感和GIS技术的年度林地类型面积变化监测中非乔木林疏林地类12个地类的面积，得出非乔木林疏林地类森林枯落物碳储量。

乔木林地森林枯落物碳储量：利用乔木林中的杉木、马尾松、速生相思等21个树种（组）分3个龄级的森林枯落物单位面积生物量，乘以树种（组）的枯落物碳含率，再乘以基于遥感和GIS技术的年度林地类型面积变化监测中各树种（组）的面积后，得出乔木林地森林枯落物碳储量。

疏林地森林枯落物碳储量：利用疏林地中的杉木、马尾松、速生相思等 21 个树种(组)分 3 个龄级的森林枯落物单位面积生物量，乘以树种(组)的枯落物碳含率，再乘以基于遥感和 GIS 技术的年度林地类型面积变化监测中各树种(组)的面积后，得出疏林地森林枯落物碳储量。

(4)森林土壤碳库计算。森林土壤碳库包括非乔木林疏林地类土壤碳储量、乔木林地土壤碳储量和疏林地土壤碳储量。

非乔木林疏林地类土壤碳储量：根据已测得的分气候带的竹林、国家灌木林等 12 个地类的土壤单位面积有机质含量，乘以地类的土壤有机碳系数，再乘以基于遥感和 GIS 技术的年度林地类型面积变化监测中非乔木林疏林地类 12 个地类的面积，非乔木林疏林地类土壤碳储量。

乔木林地土壤碳储量：利用分气候带乔木林中的杉木、马尾松、速生相思等 21 个树种(组)分 3 个龄级的土壤单位面积有机质含量，乘以树种(组)的土壤有机碳系数，再乘以基于遥感和 GIS 技术的年度林地类型面积变化监测中各树种(组)的面积后，得出乔木林地土壤碳储量。

疏林地土壤碳储量：利用分气候带疏林地中的杉木、马尾松、速生相思等 21 个树种(组)分 3 个龄级的土壤单位面积有机质含量，乘以树种(组)的土壤有机碳系数，再乘以基于遥感和 GIS 技术的年度林地类型面积变化监测中各树种(组)的面积后，得出疏林地土壤碳储量。

5. 区域碳汇监测数据分析

区域林业碳汇监测数据在数据分析的基础上再形成监测成果报告。首先，要对区域监测数据进行前后期对比，确定是否合理，数据是否有逻辑性，得出的结论是否正确。同时，通过对不同气候带、监测区、地类、优势树种(组)、龄级、不同林层、不同林种等以及前后期年度的对比分析，得出区域级碳储量的时间、空间等的分布规律，为区域碳汇计量监测提供充实数据支撑。

6. 监测报告及信息发布

根据区域碳汇监测数据结果，出具区域级林业碳汇监测报告，为政府决策部门提供相关的分析报告，同时，通过建立公众林业碳汇信息发布平台，为社会大众、政府管理部门发布林业碳汇状况和年度变化公报提供基础数据。

(二)基于森林资源"一类"清查样地监测的碳储量数据计算

1. 森林资源"一类"清查基期碳储量数据计算

广东省森林资源连续清查每 5 年进行一次，开始于 1978 年，分别于 1983、1988、1992、1997、2002、2007、2012 年进行了复查，对全省 3685 个连清样地进行全面调查。每一个基期调查内容均包括样地森林植物调查、森林土壤调查、森林枯落物调查、森林枯死木调查。样地监测总碳储量为森林植物碳储量、森林土壤碳储量、森林枯落物碳储量、森林枯死木碳储量之和，再根据样地所代表的面积计算出全省总的森林碳储量。有关广东森林资源"一类"清查森林碳汇研究的具体情况详见第五章"广东省森林碳储量"。

(1)森林植物碳储量计算。森林植物生物量包括乔木层、下木层、灌木层、草本层植物生物量。乔木层生物量通过样地每木检尺和乔木生物量模型进行计算；下木层生物量经过样方调查得到各类下木平均胸径、平均高、平均株数，通过相应的下木生物量模型进行计算；灌木层生物量经样方调查得到各类灌木的覆盖度和平均高，通过相应的灌木生物量模型进行计算；草本层生物量经样方调查得到草本的覆盖度和平均高，通过相应的草本生物量模型进行计算。

$$森林植物碳储量 = 森林植物生物量 \times 平均碳含率$$

（2）森林土壤碳储量计算。为了更准确评价森林土壤碳储量，一般将森林土壤分为 A 层（腐殖质层）和 B 层（淀积层或心土层），分别进行森林土壤碳储量计算，对土壤有机质采用重铬酸氧化 - 外加热法实验测定。

$$森林土壤碳储量 = 森林土壤有机质含量 \times 土壤有机碳系数$$

（3）森林枯落物碳储量计算。森林枯落物积累量通过模型进行估算，每公顷枯落物重量模型为：$W = a \times H$；枯落物积累量 $= W \times$ 面积。其中，W 为每公顷枯落物重量，a 为某一类型森林的枯落物系数，H 为枯落物厚度。

$$森林枯落物碳储量 = 森林枯落物积累量 \times 枯落物平均碳含量$$

（4）森林枯死木碳储量计算。森林枯死木碳储量计算方法与森林植物碳储量计算方法相同。

2. 连续清查间隔期碳储量变化数据计算

森林资源连续清查 5 年进行一次，其间隔期有 4 年。间隔期内各年度森林碳储量计算，通过其年度变化量进行估算。按监测基期的各监测样地数据为基础，按林地类型进行分类抽样，抽样比例为总体的 10%，通过 10% 样地储碳量的变化量推算全省样地储碳量变化量。在连续清查间隔期内，考虑监测成本，样地碳储量年度变化监测中不进行样地森林土壤碳储量和森林枯落物的监测。

3. 基于样地监测碳储量数据与小班监测碳储量数据比较

基于连清样地监测碳储量是按照抽样理论方法进行计算的，计算精度符合要求。但不适宜于省级以下区域的碳储量总体计算。

基于森林资源"一类"清查样地监测碳储量与基于森林资源"二类"调查小班监测碳储量的监测体系和方法均不相同，为两种不同计算碳汇量的途径方法，通过对两种不同途径的方法，所得碳储量数据结果进行相互比较验证，分析不同结论的原因，寻求最佳结果，使全省森林碳汇数据更准确，更有说服力。

第三节　项目级林业碳汇计量监测

一、项目含义

本书项目是指：在确定了基线的土地上，按照额外性原则，以吸收固定 CO_2 为主要目的的植树造林、森林经营等活动，旨在提高森林固碳效能、增加森林碳汇的项目。本节项目级的林业碳汇计量监测是基于国家林业局造林项目碳汇计量与监测指南和广东省实际情况进行阐述的。

项目可分为京都规则项目(CDM)和非京都规则项目,广东目前主要是非京都规则下的碳汇项目,非京都规则项目按照其交易特征又可分为可交易项目(以交易为目的)和自愿减排项目(不以交易为目的)。项目按其资金来源来分,又可分为企业(个体)营造碳汇林项目(包括捐资给中国绿色碳汇基金会等形式)、政府投资主导营造碳汇林项目。项目按营造林方式可分为植树造林类碳汇项目和森林经营类碳汇项目。

广东省植树造林类碳汇项目是指对2005年以来的宜林荒山荒地采用人工植苗造林增加森林碳汇的项目;森林经营类碳汇项目是指对现有林地林木进行抚育,或对现有的疏残林进行人工套种补植、低效林疏伐后进行人工植苗补植的改造方式促进森林碳汇增加的项目。

二、项目级林业碳汇计量基础

(一)项目计量目的

碳汇林除满足普通造林的基本生态功能外,还要确保工程项目产生的碳汇准确、透明、可靠、可核查,为营造林项目积累碳汇能力提供科学依据与计量结果。碳汇计量监测的目的就是通过对项目营造林及林分生长过程实施监测和碳汇年度计量,摸清不同监测区域、不同树种、不同营造林配置条件下的碳汇规律,科学评价项目的碳汇贡献。

(二)林业碳汇项目的一般要求

(1)林业碳汇项目通过人工造林、森林经营措施促进森林增加碳汇,保护和促进森林生态群落恢复和演替,诱导形成复层群落结构,提高森林质量和各种有益效能。

(2)林业碳汇项目在最大限度地获得森林碳汇的同时,应注重当地生物多样性保护、生态环境保护和促进与当地社区互动,增加当地劳动就业,提高森林保护意识。

(3)林业碳汇项目应坚持因地制宜、适地适树、优先发展乡土树种,做到多树种、多林种、多功能结合,使森林创造更多的生态、经济和社会价值。

(4)林业碳汇项目应按技术标准规划,按规划设计、施工、组织管理,按项目实施方案进行检查验收,做到规范有序和有效。

(5)林业经营碳汇项目计入期一般为20年。在计入期内,必须保证营造林成果得到维护和巩固,通过人工造林、森林经营,使群落结构更加稳定,森林生态系统内的碳贮存量明显增加。

(6)林业碳汇项目计量监测采用森林资源三类调查技术方法为基础,开展基线调查及项目碳汇成效监测。

(三)项目边界和土地合格性

1. 土地合格性

广东林业碳汇项目区域安排主要优先考虑江河沿岸、大中型水库周围、沿海防护区、石漠化地区等生态区位重要和生态脆弱地区，以及革命老区和贫困地区。在增加森林碳汇的同时，通过项目实施促进当地生态恢复、生物多样性保护和经济社会可持续发展。选择实施碳汇造林的地点应同时满足以下条件：

(1)对于植树造林项目，要求近5年以来的宜林荒山荒地。对于森林经营项目，要求是中幼林或郁闭度0.6以下的林分(含疏林地)。

(2)林业碳汇项目应当相对集中连片的地块。

(3)林地权属清晰，具有县级以上人民政府核发的土地权属证书。

(4)预期通过实施林业碳汇项目，能提高项目净碳汇量的林地。

(5)项目有助于促进当地生物多样性保护、防治土地退化、促进地方经济社会发展等多种效益。

2. 项目边界确定

项目边界的确定分为事前项目边界确定和事后项目边界确定。事前确定的项目边界主要是用于项目造林地合格性的认证、项目造林设计以及面积、基线碳储量变化、项目碳储量变化、排放增加、泄漏等估算。而项目活动的实际边界可能不完全与事前边界吻合，并可能在项目实施过程中发生变化。因此事前项目边界的确定与事后边界的监测可在不同的精度下进行。从成本、实际需要以及广东的实际情况，事前项目边界可通过森林资源三类调查，借助最新遥感影像图，利用地形图(比例尺为1:10000)进行现场勾绘进行确定。

(四)碳库与温室气体排放源确定

1. 碳库选择

根据广东林地碳库特点，将营造林项目涉及的碳库划分为地上生物量、地下生物量、枯落物、枯死木和土壤有机质共5个碳库。一般从长远来看，造林都会增加这五个碳库的碳储量，对全部碳库进行计量和监测可使项目参与方获得更多的碳汇量。但考虑到碳汇计量监测成本的关系，在选择碳库时，除考虑是否为净温室气体排放源这一因素外，还须考虑监测的成本有效性、不确定性和保守性，一般在选择碳库时，在保守性估算的条件下，可对计入期内有的碳库中的碳储量变化相对较小、不是净温室气体排放源的碳库不予计量和监测。

2. 温室气体排放源

在实施碳汇营造林项目时，一些造林活动可能会引起项目边界内或边界外的温室气体排放量的增加。而在没有该造林活动时，这些温室气体排放是不会发生的。营造林活动可能引起的温室气体排放源包括：

(1)化石燃料燃烧。与营造林项目有关的化石燃料燃烧的活动包括两项。一是运输工具的使用：用于运输苗木、肥料、灌溉水、木质和非木质林产品所使用的运输工具消耗的化石燃料燃烧引起的温室气体排放。运输项目相关劳动力和管理人员的专用车辆引起的排放忽略不计；二是燃油机械设备的使用：如整地机械、油锯、灌溉用的燃油机械等。

（2）肥料施用。在造林和森林管理活动中施用的有机肥料和含 N 化肥，在土壤中经过氧化还原作用都会产生 N_2O，将 N_2O 转换成 CO_2 当量后进行碳排放计算。

（3）森林火灾。本项目适用的碳汇营造林项目不允许炼山，因此不存在相关的温室气体排放。但是，项目实施过程中有可能发生森林火灾，从而引起温室气体排放。森林火灾引起的 CO_2 排放引起碳储量变化需在碳汇计量监测中予以考虑，而非 CO_2 排放（N_2O、CH_4）则计为项目边界内的排放，将 N_2O、CH_4 转换成 CO_2 当量后进行碳排放计算。

3. 关键排放源的确定

（1）标准。根据国际上的通行做法，造林项目关键温室气体排放源的确定标准为下述两种中较高的一种。①温室气体排放（或泄漏）源的累积排放量超过温室气体源排放总量的95%。②温室气体排放（或泄漏）源的排放量超过项目净碳汇量的5%。

（2）确定方法。针对排放总量超过95%以上这种情形，可采用如下步骤确定某一温室气体排放源是否为关键排放源。①根据项目有关活动数据和相关排放因子，分别计算项目边界内每一种温室气体排放源的大小，和项目边界外每一种温室气体泄漏源的大小。②根据不同温室气体的全球增温潜势，将计算的温室气体排放量转化为 CO_2 当量。③计算项目边界内每一种温室气体排放源和泄漏源对项目总排放的相对贡献，并将计算的相对贡献值由高到低进行排序。④由高到低累积计算相对贡献值，直到累积值达到 0.95 时为止。纳入累积范围的排放源视为关键排放（或泄漏）源，须进行计量和监测。未进入累积计算范围的则视作非关键排放（或泄漏）源，可不予计量和监测。

三、项目碳汇计量

（一）计量原理

碳汇计量是对项目预期产生的净碳汇量的预估。由于造林项目活动涉及基线、温室气体源排放和泄漏等问题，项目净碳汇量与项目碳储量变化量往往不会完全一致。因此项目实际产生的净碳汇量以项目碳储量的变化量减去项目边界内增加的温室气体排放量、项目活动引起的泄漏和基线碳储量变化量来计算。计算公式如下：

$$C_{proj,t} = \triangle C_{proj} - GHG_{E,t} - LK_t - \triangle C_{BSL,t}$$

式中：$C_{proj,t}$——第 t 年的项目净碳汇量（吨 CO_2-e/年）；

$\triangle C_{proj}$——第 t 年的项目碳储量变化量（吨 CO_2-e/年）；

$GHG_{E,t}$——第 t 年的项目边界内增加的温室气体排放量（吨 CO_2-e/年）；

LK_t——第 t 年的项目活动引起的泄漏（吨 CO_2-e/年）；

$\triangle C_{BSL,t}$——第 t 年的基线碳储量变化量(吨 $CO_2 - e$/年);

t——项目开始后的年数(年)。

(二)分层

造林项目边界内的碳储量及其变化往往因气候、土地利用方式、植被覆被状况、土壤和立地条件的不同,而呈现较大的空间变异性。为满足计量的正确性和精确度要求,以成本有效的方式对项目区进行分层,把项目区合理地划分成若干个相对均一的同质单元(层),分层估计、测定和监测基线碳储量的变化和项目碳储量的变化。由于每一层内部较均一,因此,能以较低的抽样测定强度达到所需的精度,总体上大大降低了测定和监测成本。

分层分为事前分层和事后分层。事前分层是在项目开始前或在进行项目设计阶段进行,其目的是为了对基线碳储量变化和项目碳储量变化的事前计量和预估。事后分层是在项目开始后进行,其目的是为了对造林项目的碳储量变化进行测定和监测。计量阶段的分层仅涉及事前分层,事前分层又分为事前基线分层和事前项目分层。

事前基线分层是针对基线碳储量调查而进行的,是将未实施造林的规划地块依据不同土地利用类型、植被覆盖、土壤类型、气候条件等因子区分成若干同质单元。便于在计量阶段以准确和成本有效的方式对基线情景下的造林地块生物量做出合理的碳储量调查。

事前基线分层以营造林前项目地植被状况为主要对象,主要调查以下因素:①植树造林类项目:是否有散生木,其优势树种、年龄、胸径、树高、公顷株数;非林木植被(灌木和草本等)的高度和盖度,特别是灌木植被的种类和盖度。②森林经营类项目:对原有林地林木的树种、年龄、郁闭度、胸径、树高、公顷株数进行调查。

事前项目分层主要依据营造林和管理模式,主要指标包括:造林树种、造林时间、是否进行疏伐等。

(三)基线碳储量变化

基线情景是指能合理地代表在没有开展碳汇造林或森林经营项目活动时历史的和现在的地表植被、土地利用、人为活动、碳库的状况。基线调查的方法包括植树造林类和森林经营两大类。

(1)对植树造林类项目。在基线情景下,对于没有散生木生长的情况,其地上生物量和地下生物量碳库中碳储量的变化量均为零。对于有散生木的各基线碳层,采用随机抽样调查的方法,设置临时调查样地,每个碳层不少于 3 个样地(样地面积一般为 1 亩),调查测定样地内散生木的树种、年龄、胸径、树高。

(2)对森林经营类项目。对于不进行疏伐的抚育、套种等森林经营类项目,针对各基线碳层,采用随机抽样调查的方法,设置临时调查样地,每个碳层不少于 3 个样地,调查测定样地内的树种、年龄、胸径、树高、株数。对于需进行疏伐改造的森林经营类项目,除按照上述方式进行调查外,为正确掌握基线碳储量变动，还需在基线调查时设置固定样地，每个碳层不少于1个。同时，在位于临近项目边界的边界外，对不进行森林经营措施同样设置固定样地，以便进行对比。

采用生物量扩展因子法计算项目期内不同时间基线情景下散生木和原有林木的地上生物量和地下生物量碳库中的碳储量。

对于植树造林类的散生木类型，按照优势树种（组）单株生物量生长模型（或异速生长方程，拟合生长曲线）、各树种（组）碳含率和根茎比来计算散生木碳储量。

对于森林经营类中的疏林地或低效乔木林地，按照优势树种（组）单株生物量生长模型（或异速生长方程，拟合生长曲线）、各树种（组）碳含率和根茎比来计算其林木碳储量。

（四）项目碳储量变化

尽管部分项目参与方有可能选择所有的碳库，但是考虑碳汇造林整地方式主要是穴垦，对原有林地植被破坏很小，因造林整地方式在造林过程中引起的土壤有机碳、枯落物和枯死木碳库碳储量变化较小，可忽略不计。在宜林荒山和疏林地的造林及套种补植活动，通常不会引起土壤有机碳、枯落物和枯死木碳库碳储量的长期下降；对森林抚育、疏伐改造的情会引况，由于抚育强度及疏伐比例不大，从长远角度讲，森林抚育和改造后土壤有机碳、枯落物和枯死木必然会大大超过改造前的碳储量。同时由于缺乏可靠的相关方法学和参数，按照计量的保守性原则，因此忽略土壤有机碳、枯落物和枯死木碳库，而仅考虑地上生物量和地下生物量碳库。因此，项目碳储量变化量等于各项目碳层生物量碳库中的碳储量变化量之和，减去项目引起的原有植被碳储量的降低量。

1. 林分生物量增加（林分生长生物量）

采用生物量扩展因子法计算项目期内不同时间基线情景下目的树种林木的地上生物量和地下生物量碳库中的碳储量。

植树造林类目的树种为新植林木，针对新植林木树种种类、面积，按照优势树种（组）单株生物量生长模型（或异速生长方程，拟合生长曲线）、各树种（组）碳含率和根茎比来计算新植林木碳储量。森林经营中套种补植类、更新改造类相同。

森林经营中抚育类目的树种为原有林木，由于森林抚育后，林木水肥条件改善，林下空间发生明显变化，促进了原有林木枝、叶和根的迅速生长，茂盛的枝叶和发达的根系有利于林木生物量的积累，在计入期内，保守确定单株立木材积生长为不进行森林抚育单株立木材积生长的1.3倍，即 *BEF* 值设定为原有林木 *BEF* 值的1.3倍。再按照优势树种（组）单株生物量生长模型（或异速生长方程，拟合生长曲线）、各树种（组）碳含率和根茎比来计算原有林木碳储量。

2. 原有植被生物量减少

由于林地清理和整地、造林后原有的非林木植被可能会大大减少，散生木也可能会被伐除，森林经营中疏伐改造类型还需对部分非目的树种进行采伐。这种原有植被生物量的减少须从林分碳储量变化中扣减。

　　根据保守性原则，同时为降低未来监测成本，对植树造林类项目，假定原有散生木和非林木植被在整地时全部消失，只需在项目开始前测定并计算原有植被碳储量即可。

　　对森林经营类项目中的疏林地补植套种类型，原有林木的生物量仍是一个不可忽略的数据，则假定非林木植被在整地时全部消失；原有林木由于是非目的树种，现有经营措施下，同时也假定所有经营措施对原有林木生长不利，原有林木在计入期内生长量为零，由于在造林整地时仍然保存原有林木，同时也不计生长量，在监测时也不将原有林木计入项目碳储量，则不必扣减原有林木生物量减少。

　　对森林经营类项目中低效林疏伐改造类型，则假定非林木植被在整地时全部消失；原有林木由于是非目的树种，现有经营措施下，同时也假定所有经营措施对原有林木生长不利，原有林木在计入期内生长量为零，由于在造林整地过程中采伐了部分原有林木，因此要根据原有林木基线调查的数据以及疏伐比例，计算减少林木生物量；对于原有林木中未疏伐的部分，由于仍然保存原有林木，同时也不计生长量，在监测时也不将此部分保留林木计入项目碳储量，则不必扣减此部分保留林木生物量减少。

　　对于森林经营类项目中的森林抚育类型，由于抚育造成原有非林植被的减少，则假定非林木植被在抚育时全部消失；原有林木是目的树种，在现有经营措施下，只会增加林木生物量，因此不存在原有林木生物量减少的问题。

（五）项目边界内温室气体排放

　　碳汇造林项目边界内温室气体排放的事前计量，仅考虑因施用含 N 肥料引起的 N_2O 排放和营造林过程中使用燃油机械引起的 CO_2 排放。森林火灾等其他灾害引起的温室气体排放无法进行事前计量，但在项目运行期内将予以监测。

　　碳汇造林项目仅考虑施肥引起的直接 N_2O 排放，包括含 N 化肥和有机肥。根据项目设计每年施用肥料的种类、面积、施肥量、肥料含 N 率等，计算引起的直接 N_2O 排放。

　　根据项目设计的整地、疏伐等需要使用的机械设备情况，确定各种活动使用的机械种类、耗油种类、单位耗油量（如每小时或每公顷 耗油量），按不同机械和燃油种类计算耗油量，计算燃油机械消耗化石燃料引起的 CO_2 排放。

（六）碳泄漏

　　碳汇造林项目引起的泄漏主要考虑使用运输工具（消耗燃油的机动车）消耗化石燃料引起的 CO_2 排放。为此，需要调研和收集不同事前项目碳层分别用于运输肥料、苗木、灌溉用水等产品所使用的运输工具种类、燃油种类、平均运输距离、每公里耗油量等，运输距离以项目地到最近的市场距离为计算依据。

（七）项目净碳汇量

　　根据项目碳汇计量原理中的净碳汇计量计算公式，估算出各年度的项目净碳汇量。

表 3-6　项目净碳汇量(吨 CO_2/年)计算表

年份	项目碳储量变化 A		项目温室气体排放 B		泄　漏 C		基线碳储量变化 D		项目净碳汇量 E = A - B - C - D	
	年变化 (吨 CO_2/年)	累计 (吨 CO_2)	年变化 (吨 CO_2-e/年)	累计 (吨 CO_2-e)	年变化 (吨 CO_2-e/年)	累计 (吨 CO_2-e)	年变化 (吨 CO_2-e/年)	累计 (吨 CO_2-e)	年变化 (吨 CO_2-e/年)	累计 (吨 CO_2-e)
1										
2										
...										
20										
合计										

四、项目碳汇监测

(一)监测思路

为了确保造林项目产生的项目净碳汇量的透明性、可测定性和可核查性,在对项目进行碳计量或编制项目可研报告时,必须制定监测计划。项目参与方在制定监测计划时,应当收集所有对测定和计量项目运行期内的项目碳储量变化、项目边界内温室气体排放、泄漏所需的相关数据并对其进行归档,详细说明测定和计量的技术和方法,包括项目边界和事后分层、抽样设计方法、不确定性分析、质量保证和质量控制程序等。

对于植树造林类项目及森林抚育、套种补植类等经营项目,基线碳储量变化量应在编制项目可研报告或碳计量阶段完成,一旦项目被立项和批准,在项目运行期内就是有效的,因此不需要对基线碳储量变化量进行监测。对于森林经营类中的疏伐改造项目,则需继续对比照样地林木基线进行监测。

项目碳储量变化量的监测有多种手段,如固定样地的连续监测、模型模拟、遥感方法、涡度相关测定法等,广东林业碳汇项目从碳汇造林的实际出发,并考虑监测的成本有效性原则,采用基于固定样地的连续监测方法。

(二)监测内容

碳汇林需对项目运行期内的所有营造林活动、森林管理活动、与温室气体排放有关的活动以及项目边界进行监测,主要包括:

(1)造林活动。包括确定种源、育苗、林地清理和整地方式、栽植、成活率和保存率调查、补植、除草、施肥等措施。

(2)森林管理活动。抚育、疏伐、施肥、病虫害防治和防火措施等。

(3)项目边界内森林灾害(毁林、林火、病虫害)发生情况(时间、地点、面积、边界等)。

(4)项目边界。碳汇造林项目的实际边界有可能与项目设计边界不完全一致,难免出现偏差。为了获得真实、可靠的净碳汇量,在整个项目运行期内,必须对项目实施的实际边界进行监测。每次监测时必须就对上述各项内容进行测定、记录和归档。

(三)抽样设计

1. 事后分层

事后项目分层可在事前分层的基础上进行,但需进一步考虑事前分层中未予考虑的因素,如:项目区气候、立地条件差异等。同时考虑实际营造林情况,如:实际造林树种、造林模式、造林时间以及抚育、施肥等管理方式等。

事后项目分层完成后,需调查并通过 GPS 或适当的空间数据(如卫星影像)确定各项目碳层的边界,并计算各碳层的面积,包括不同碳层、不同树种、不同林龄的面积。以后每次监测前,都需要对之前所划分的碳层进行核实,保证每个碳层内部的均一性,否则就需对所划分的碳层进行调整。如果通过监测发现,同一碳层碳储量及其变化具有很高的不确定性(标准误 > 10%),则在下一次监测前需对该碳层进行重新调整,将该碳层划分成两个或多个碳层。如果监测发现,两个或多个碳层具有相近的碳储量及其变化,则可考虑将这些不同的碳层合并成一个碳层,以降低监测工作量。同时,如果项目边界发生变化,涉及的相应碳层的边界也需做相应的调整。

2. 确定样地数量

假定测定和监测的数据变量成正态分布,在一定的精度(95%以上)和可靠性(90%以上)要求下,可参考《造林项目碳汇计量与监测指南方法》上抽样设计方法(或根据项目需要选择其他可靠的方法)来确定监测最少需要设定的固定样地数量。

3. 样地设置

在测定和监测项目边界内的碳储量变化时,宜采用矩形样地,样地的大小为1 亩。

固定样地的设置采用随机布点的系统设置方式。但为了避免边际效应,样地边缘应离地块边界至少 10m 以上。样地内林木和管理方式上(如施肥、灌溉、疏伐)应与样地外的林木完全一致。记录每个样地的行政位置、小地名和 GPS 坐标、造林树种、模式和造林时间等信息。如果一个层包括多个地块,应采用下述方法以保证样地在碳层内尽可能均匀分布:

(1)根据各碳层的面积及其样地数量,计算每个样地代表的平均面积。

(2)根据地块的面积,计算每个地块的样地数量,计算结果不为整数时,采用四舍五入的方式解决。

固定样地每 5 年需要复位测定一次,固定样地复位率需达 100%,检尺样木复位率≥98%。为此,需对样地的四个角采用 GPS 或罗盘仪引线定位,埋设地下标桩。复位时利用 GPS 导航,用罗盘仪和明显地物标按历次调查记录的方位、距离引线定位找点。

4. 监测频率

碳汇造林项目的监测频率因不同碳库而异。其中生物量、枯落物和枯死木每

5 年一次，土壤有机碳库每 10 年一次。首次监测时间由项目实施主体根据项目设计自行选择，但首次监测时间的选择，要避免引起未来的监测时间与项目碳储量的峰值出现时间重合。

（四）项目碳储量变化监测

项目边界内的碳储量变化量是各碳库中碳储量变化量之和，地上生物量和地下生物量碳储量的降低量数据不需要监测，直接来自工程项目的测定和估计。

1. 地上和地下生物量

地上生物量和地下生物量碳储量变化应分别林分、灌木和草本层进行监测。

（1）林分。在每一个监测年份，测定每个固定样地内每株林木的胸径（或胸径和树高）。按照优势树种（组）单株生物量生长模型（或异速生长方程，拟合生长曲线）、各树种（组）碳含率和根茎比来计算样地内林木碳储量。再计算各项目碳层、各树种各龄级碳储量。

森林经营类项目，除按照植树造林类进行上述固定样地调查外，还要对原有事前分层抽样中的基线固定样地进行调查，监测原有林木的生长状况，正确掌握基线林木碳储量变动，以对原有林木碳汇量变动进行修正。

（2）灌木林。灌木林的生物量通常与地径、分支数、灌高和灌径有关，按照灌木林生物量生长模型（或生物量异速生长方程）、灌木林碳含率和根茎比来计算样地内的碳储量，再计算出所有各项目碳层的灌木林碳储量。

（3）草本层。草本层的生物量通常采用全部收获法进行监测。通过在样地内设置标准样方，收获草木生物量，从而计算草本层碳储量。

2. 枯落物

由于枯落物的凋落物和分解具有明显的季节特征，因此每次枯落物碳储量的测定均应在同一季节进行。枯落物碳储量的测定采用收获法。在样地内矩形样方，收集样方内的所有枯落物，称湿重，并将各样方内枯落物充分混合后取样，烘干至恒重，计算含水率，进而计算各样方内枯落物干重，样地内单位面积枯落物干重以及碳储量。

3. 枯死木

枯死木主要包括枯立木和枯倒木。

（1）枯立木。根据枯立木的分解状态，在每木检尺时，须分不同类型的枯立木测定和详细记录，枯立木碳储量的计算可采用与活立木生物量类似的方法，即生物量扩展因子法或生物量异速生长方程。

（2）枯倒木。在幼林阶段，枯倒木通常非常少，可以忽略不计。枯倒木地下部分生物量也可以保守地忽略不计，地上部分枯倒木碳储量可通过枯倒木材积的测定来估计。

4. 土壤有机碳

在进行地上碳库监测基础上，可以适时进行土壤有机碳监测。在样地内分别选择至少 5 个有代表性的采样点采取土壤，按土层充分混合后，用四分法分别取 200 ~ 300 克土壤样品，采用碳氮分析仪测定土壤有机碳含量。

（五）项目边界内温室气体排放

项目边界内温室气体排放的监测主要包括施肥引起的 N_2O 直接排放、石化燃料燃烧引起的 CO_2 排放以及森林火灾引起的非 CO_2 排放。

（1）施肥：按小班实时记录施肥时间、肥料种类、含 N 率、施肥对象、单位面积施肥量和面积，计算施肥引起的直接 N_2O 排放。

（2）燃油机械使用：按小班实时记录整地、疏伐等使用的机械种类、单位耗油量、作业对象和面积数据，计算燃烧石化燃料引起的 CO_2 排放。

（3）森林火灾：森林火灾引起的碳排放已包括在上述碳储量变化的测定和监测中，为避免重复计算，这里只计量与监测燃烧引起的 N_2O 和 CH_4 排放。

（六）碳泄漏

为监测运输工具使用引起的项目边界外的温室气体泄漏，项目参与方或实施主体应实时记录与造林项目活动有关的车辆使用情况，计算由于使用运输工具燃烧石化燃料引起的 CO_2 排放。需要注意的是，运输根据的使用量应与化肥、苗木使用量以及木材产量等活动数据相对应，相互验证。

（七）项目净碳汇量

项目边界内的碳储量变化量是项目碳储量变化量之和，根据项目监测净碳汇计量计算公式，估算出各年度的项目净碳汇量。

$$C_{proj,t} = \triangle C_{proj,AB,t} + \triangle C_{proj,BB,t} + \triangle C_{proj,L,t} + \triangle C_{proj,DW,t}$$
$$+ \triangle C_{proj,SOC,t} - \triangle C_{LOSS,AB,t} - \triangle C_{LOSS,BB,t}$$

式中：$C_{proj,t}$——第 t 年的项目净碳汇量（吨 CO_2 -e/年）；

$\triangle C_{proj,AB,t}$——第 t 年地上生物量碳库中的项目碳储量变化量（吨 CO_2 -e/年）；

$\triangle C_{proj,BB,t}$——第 t 年地下生物量碳库中年项目碳储量变化量（吨 CO_2 -e/年）；

$\triangle C_{proj,L,t}$——第 t 年枯落物碳库中的碳储量变化量（吨 CO_2 -e/年）；

$\triangle C_{proj,DW,t}$——第 t 年枯死木碳库中的碳储量变化量（吨 CO_2 -e/年）；

$\triangle C_{proj,SOC,t}$——第 t 年土壤有机质碳库中的碳储量变化量（吨 CO_2 -e/年）；

$\triangle C_{LOSS,AB,t}$——第 t 年原有植被地上生物量碳库中的碳储量的降低量（吨 CO_2 -e/年）；

$\triangle C_{LOSS,BB,t}$——第 t 年原有植被地下生物量碳库中的碳储量的降低量（吨 CO_2 -e/年）；

t——项目开始后的年数（年）。

参考文献

1. 赵林，殷鸣放，等. 森林碳汇研究的计量方法与研究现状综述[J]，西北林学院学报，2008(1)：59 – 63.

2. 郎奎建，李长胜. 林业生态工程10种生态效益计量理论和方法[J]. 东北林业大学学报，2000，28(1)：1 – 7.

3. 杨永辉，毕绪岱. 河北省森林固定二氧化碳的效益[J]. 生态学杂志，1996(4)：51 – 54.

4. 李意德，曾庆波，吴仲民，等. 我国热带天然林植被 C 贮存量的估算[J]. 林业科学研究，1998，11(2)：156 – 162.

5. 康惠宁，马钦彦，袁嘉祖. 中国森林碳汇功能基本估计[J]. 应用生态学报，1996，7(3)：230 – 234.

6. 王效科，冯宗炜，欧阳志云. 中国森林生态系统的植物碳储量和碳密度研究[J]. 应用生态学报，2001，12(1)：13 – 16.

7. 何英. 森林固碳估算方法综述[J]. 世界林业研究，2005，18 (1)：22 – 27.

8. 王文杰，于景华. 森林生态系统 CO_2 通量的研究方法及研究进展[J]. 生态学杂志，2003，22(5)：102 – 107.

9. 曹明奎，于贵瑞，刘纪远，等. 陆地生态系统碳循环的多尺度试验观测和跨尺度机理模拟[J]. 中国科学(D辑)，2004，34：1 – 14.

10. 李怒云. 中国林业碳汇[M]. 北京：中国林业出版社，2007.

11. 李怒云. 林业碳汇计量[M]. 北京：中国林业出版社，2009.

12. 国家林业局应对气候变化和节能减排工作领导小组办公室. 中国绿色碳基金造林项目碳汇计量与监测指南[M]. 北京：中国林业出版社，2008.

13. 李海奎，雷渊才. 中国森林植被生物量和碳储量评估[M]. 北京：中国林业出版社，2010.

14. 林俊钦. 森林生态宏观监测系统研究[M]. 北京：中国林业出版社，2004.

15. 魏安世. 基于"3S"的森林资源与生态状况年度监测技术研究[M]. 北京：中国林业出版社，2010.

16. Fang Jingyun, Chen Anping, Peng Changhui, et al. Changes in forest biomass carbon storage in China between 1949 and 1998 [J]. Science, 2001, 292(5525)：2320 – 2322.

17. Foley J A. An equilibrium model of the terrestrial carbon budget[J]. Tellus, 1995, 47：310 – 319.

18. Peng Chang hui, Michael J. Contribution of China to the global cycle since the last glacial maxirnuln Reconstruction from palaeovegetation maps and an empirical biosphere model[J]. Tellus, 1997, 49(B)：393 – 408.

19. Anderson Dean E, Verma Shashi B, Rosenberg Norman J. Eddy correlation measurements of CO_2, latent heat, and sensible heat fluxes over a crop surface[J]. Boundary-Layer Meteorology, 1984, 29(3)：263 – 272.

20. Desiardins R. L. Description and evaluation of a sensible heat flux detector[J]. Bound-Lay. Meteorol, 1977, 11：147 – 154.

第四章

广东省林业碳汇计量监测信息管理系统

第一节　系统建设基础

目前，广东省林业部门已建立了森林资源清查信息管理系统和基于"3S"森林资源与生态状况的年度监测信息系统，为广东省林业基础数据、图形管理提供了必要的管理手段，对森林资源和生态监测的数字化、自动化、智能化具有重要的意义。

森林资源清查信息管理系统具有数据维护、数据管理和统计分析等功能，该系统通过多年的推广应用，大大提高了对森林资源动态监测的管理水平，为森林资源的可持续经营提供了十分有效的管理平台，实现了森林资源调查数据的规范化信息管理，加快了森林资源调查数据的汇总、查询、统计速度，提高了调查成果可信度，取得了良好的经济效益和社会效益。

基于"3S"森林资源与生态状况年度监测信息系统是以二类调查数据为基础、充分利用"3S"技术、决策树、神经网络、生长模型、遥感信息处理模型等技术实现了广东省森林资源与生态状况年度监测的系统框架、技术流程和方法。解决了年度森林资源与生态状况监测技术落后、管理水平和工作效率低下等问题。此系统为推动森林资源管理和生态监测的数字化、自动化和智能化迈出了坚实的一步。

第二节　系统总体架构

广东省林业碳汇计量监测系统(图4-1)包括区域级林业碳汇计量监测和项目级林业碳汇计量监测两大子系统。基于广东省林业基础数据、利用"3S"技术、碳汇计量监测技术和软件工程理论等实现广东省碳汇计量监测数据的维护、检索、统计分析、评价和辅助决策等功能。对区域级和项目级林业碳汇量进行计量监测，既能从宏观上反映区域林业碳汇量的变化，为社会和各级政府提供碳汇量变化信息，也能对具体林业碳汇项目进行准确、透明、可靠的计入期林业碳汇计量和监测。

基于国家森林资源连续清查固定样地以及广东省森林资源二类调查数据库为基础，辅于遥感和 GIS 等图形验证技术，利用各种碳汇计量模型、碳汇监测技术、建模技术和修正技术形成区域碳汇计量监测框架，建立区域林业碳汇计量监测子系统。

基于森林资源三类调查数据为基础，确定项目边界，选择碳库，确定关键排放源，在事前分层的基础上，利用碳储量计量模型和相关参数计算基线碳储量变化和项目碳储量变化，在扣除项目碳泄漏后计算项目计入期内碳汇量，并每五年进行项目碳汇进行监测校正，形成项目级林业碳汇计量监测子系统。

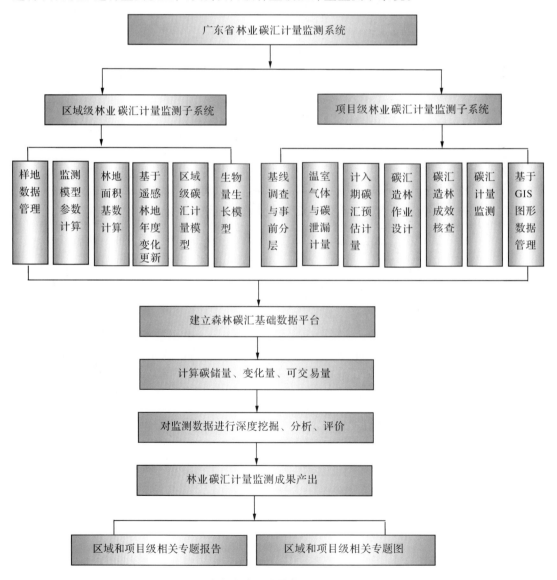

图 4-1　广东省碳汇计量监测系统

第三节　系统数据流程

广东林业碳汇计量与监测分为区域级与项目级碳汇计量监测。通过小班和样地监测计算区域级林业碳汇量，通过项目级林业碳汇计量监测计算项目计入期内的碳汇量。流程图如图4-2。

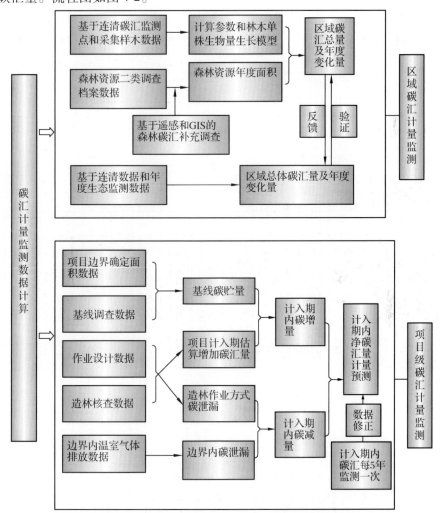

图4-2　广东省林业碳汇计量监测系统数据流程图

第四节　系统功能模块

一、区域级林业碳汇计量监测子系统

区域级林业碳汇计量监测子系统分为六大功能模块，包括基础数据管理、参数与模型设置、林地面积基数、林地类型面积、碳汇计量和生物量生长模型功能模块，如图4-3。

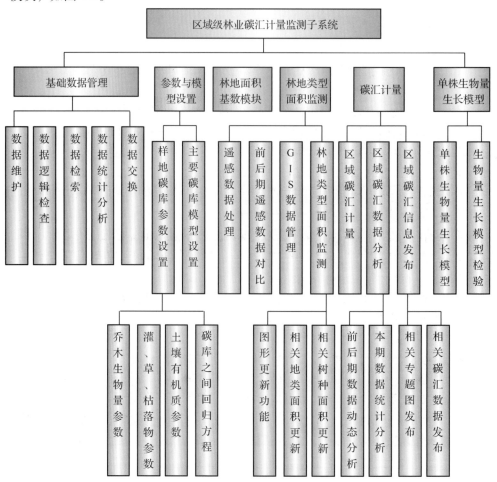

图4-3　区域级林业碳汇计量监测子系统功能模块示意图

（一）基础数据管理模块

1. 数据维护模块

包括数据录入、删除和编辑、数据导入、导出、数据库备份、还原、数据格式转换和数据安全性和一致性检查等功能。

2. 数据逻辑检查功能

对属性数据和空间数据各字段或属性项之间的内在逻辑关系进行判断，使各项数据合理存在。

3. 数据检索功能

包括各级用户的随机查询和查询结果输出功能。

4. 数据统计分析功能

满足用户的各种动态的可定制的数据统计报表功能。

5. 数据交换功能

包括与一类调查数据、二类调查数据、三类调查数据等属性数据、遥感、地理信息系统和各计算模型等之间的数据交转功能。

（二）参数与模型设置模块

1. 样地碳库参数设置

通过对布设的碳汇监测区的一定数量样地的外业调查及内业实验分析，计算获得某一区域相同森林类型不同碳库的相关参数。

（1）乔木生物量参数。对同一区域相同森林类型，选用合适的异速生长方程，得出样地单位面积地上生物量和地下生物量。在考虑精度要求和估值区间合理的情况下，计算特定森林类型的平均地下生物量与地上生物量之比（根/茎比）参数或方程。

（2）灌、草、枯落物参数。计算不同森林类型下的灌木、草本、枯落物的单位面积生物量参数。

（3）土壤有机质参数。计算不同林地类别的森林土壤容重、有机质含量等参数，在此基础上计算所有地类、乔木树种组与对应土壤有机质含量的关系参数或方程。

（4）主要碳库之间回归方程。计算灌木层、草本层、枯落物生物量与乔木层地上生物量关系参数或方程。

2. 主要碳库模型设置

设置不同监测区的竹林、国家灌木林、其他灌木林、未成林造林地、未成林封育地、苗圃地、采伐迹地、火烧迹地、其他无林地、宜林荒山荒地、宜林沙荒地、其他宜林地等12个地类的乔木及灌木、草本生物量生长模型；乔木林、疏林地中21个树种（组）分3个龄级的乔木生物量生长模型；21个树种（组）及竹林、灌木林生物量含碳率模型；土壤、粗木质残体、枯落物碳库、下木植被碳储量计量模型。

（三）林地面积基数模块

利用年度更新的二类调查数据库，计算广东省森林资源档案数据库的林地面积，作为区域级林业碳汇量面积计算基数。

（四）基于 RS 和 GIS 林地类型面积监测模块

利用 RS、GIS 对广东省森林资源档案所有地籍小细班的林地类型、面积变化进行监测。得到区域内各林地地类面积及变化面积的汇总数据，以此计算全省碳汇量。

1. 遥感数据处理

对获取的遥感数据进行除噪声、大气校正、几何精纠正、地形纠正、图像变换、图像增强、图像融合等图像处理，使之满足前后期图像对比的需要。

2. 前后期遥感数据对比

对前后期遥感数据进行特征分析，找出合适的阈值及条件，对突变小班进行自动检测，形成区域小细班突变数据库。

3. GIS 数据管理

通过对突变小班数据库的外业调查、验证核实，更新全省林地小班 GIS 空间和属性数据，并建立基于 GIS 的台账数据库。

4. 林地类型面积监测

监测年度林地各类型面积以及年度林地类型面积的变化量，并更新基于 GIS 的监测系统中的空间与属性数据。

(1)图形更新功能。把所有经过验证核实的突变数据库中的小班图形和属性数据更新到基于 GIS 的监测系统的空间和属性数据库。

(2)相关地类面积更新。竹林、国家灌木林、其他灌木林、未成林造林地、未成林封育地、苗圃地、采伐迹地、火烧迹地、其他无林地、宜林荒山荒地、宜林沙荒地、其他宜林地等 12 个地类总面积和变化面积。

(3)相关树种面积更新。乔木林与疏林地中特定的 21 个树种分 3 个龄级的总面积和变化面积。

(五) 区域林业碳汇计量模块

1. 区域林业碳汇计量

通过计算得到的参数与设置的相关碳库模型、各林地类型的面积等计算因子，计算林木、土壤、粗木质残体、枯落物碳库、下木植被五个碳库的碳储量，得到全省总的碳储量。

2. 区域林业碳汇数据分析

包括区域内本期统计数据的分析，前后期数据动态分析两部分。

(1)本期数据分析功能。对本期数据进行合理性分析的同时，也要针对不同因子，不同研究专题等因素形成不同的统计报表与分析报告。

(2)前后期数据动态分析功能。对数据的变量进行分析，同时对影响变量的主要因子进行分析。

3. 区域林业碳汇信息发布

建立林业碳汇信息发布平台，为各部分和社会大众发布林业碳汇相关信息。

(1)相关专题图发布。发布林业碳汇计量与监测的样地分布图、碳汇量分布图等相关专题图。

(2)相关碳汇数据发布。通过林业碳汇信息发布平台，发布林业碳汇计量和监测的成果数据。

(六)主要树种单株生物量生长模型

1. 单株生物量生长模型建模

根据广东森林资源连续清查中的主要树种(组)的分类,确定单株生物量建模的主要树种(组)的选择,综合考虑气候带、监测区、分布区域以及树种起源等因素分别取样,获取建立森林生物量模型所需的乔木样本数据。通过实验测定样木各部分的含水率、含碳系数与储能系数后,确定建模技术方法,建立广东主要树种的生物量生长模型。

2. 生物量生长模型检验功能

利用建模样本的实测生物量和模型估计生物量,计算总相对误差、平均系统误差、相对误差绝对值平均数和预估精度等统计指标,同时观察残差分布是否随机,以评价模型是否达到预定要求。

二、项目级林业碳汇计量监测子系统

项目级碳汇计量监测子系统分为六大功能模块,包括基线碳储量变化计量模块、作业设计、项目边界内排放与碳泄漏计量模块、造林质量核查模块、碳汇计量模块和碳汇监测模块(图4-4)。

(一)基线碳储量变化计量模块

1. 土地合格性调查模块

对碳汇项目土地合格性调查的各项内容进行数据管理,输出碳汇项目土地合格性调查表。

2. 事前项目边界确定

基于GIS的事前项目边界确定,在系统中勾绘出项目的事前边界,此边界一旦确定,将作为县级造林作业设计中的小班边界。还包括图斑面积求算、图斑相关属性填写。

3. 事前基线分层模块

通过对分层的影响因子设置,在人工交互的情况下,确定事前基线分层的层数。

(1)事前基线分层参数设置。广东省基线分层将采用四阶分层作为计算机自动分层的默认参数,即建设对象类型(宜林荒山、疏残林、低效林)、优势树种(组)、郁闭度、林龄。可以根据不同的因子设置各类型默认的分层参数,也可以对分层参数进行扩展和缩减等操作。

(2)事前基线交互式分层。根据设置的分层参数,在人工干预的情况下,计算事前基线碳层数,并对分层后的空间数据和属性数据进行标记。

4. 碳库选择与基线调查模块

对造林项目所涉及的地上生物量、地下生物量、枯落物、枯死木和土壤有机质五个碳库,在考虑经济性、确定性和保守性的基础上进行碳库选择。碳库选择

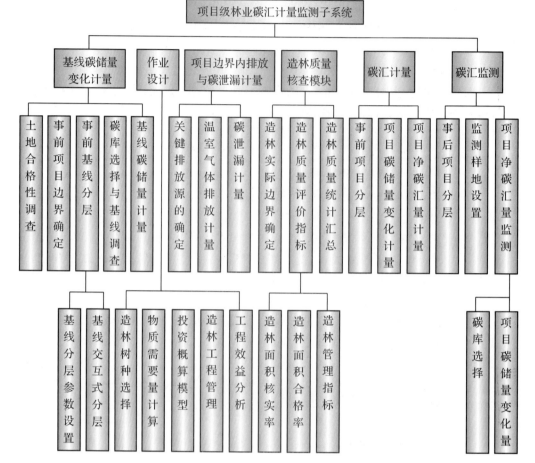

图 4-4 项目级林业碳汇计量监测子系统功能模块示意图

后，再按照地表植被和土地利用状况、人为活动情况、碳库调查三部分进基线调查，对各碳库生物量进行计算，对基线调查进行数据维护。

5. 基线碳储量计量模块

采用生物量扩展因子法计算项目期内不同时间基线情景下散生木和原有林木的地上生物量和地下生物量碳库中的碳储量。

（二）作业设计模块

1. 造林树种选择功能模块

建立广东省常用造林树种数据库，在造林作业设计时，从常用造林树数据库中选择造林树种，此变量也将作为事前项目分层的参数之一，同时对空间和属性数据进行标记。

2. 物质需要量计算

计算苗木、肥料等物质需要量，根据造林方式、抚育措施等内容设置不同的计算参数，计算工程的物质需要量，其中肥料的需要量将作为项目边界内的温室气体排放量计算的变量之一。

3. 投资概算模型

根据各地现实经济状况，构建直接造林投资主要技术经济指标，形成造林直接投资概算模型。

4. 造林工程管理

对项目进行全面的管理监督，对造林档案、抚育、县级检查验收等流程进行管理，满足省级对管理指标的检查。

5. 工程效益分析

建立计算模型与参数，对生态效益、社会效益和经济效益进行计算。

(三)项目边界内排放与泄漏计量模块

1. 关键排放(或泄漏)源的确定

利用关键排放源的确定方法，结合关键排放源的确定标准确定某一温室气体是否为关键排放(或泄漏)源，关键排放(或泄漏)源将作为计算项目边界内温室气体排放与碳泄漏的必选项。

2. 项目边界内温室气体排放计量

通过关键排放源计算公式，计算关键排放源的排放量。

3. 碳泄漏计量

主要收集和记录事前项目分别用于运输肥料、苗木、灌溉用水等产品所使用的运输工具种类、燃油种类、平均运输距离、每千米耗油量等，计算运输工具(消耗燃油的机动车)燃烧化石燃料引起的 CO_2 排放。

(四)造林质量核查模块

1. 造林实际边界确定

对照批复的1∶10 000造林作业设计图，现场勾绘造林的实际边界，作为事后项目边界。在监测区内，对项目实施的实际边界进行监测。边界监测的空间信息和属性数据需更新到基于 GIS 的边界管理模块中。

2. 造林质量评价指标

通过2个一级指标(工程管理指标、造林质量指标)，19个二级指标(面积核实率、作业设计率、档案建立率、自查率、管护率、种植时间、林木平均高、造林成活/保存率、林木长势、造林/林木密度、树种选择、混交方式、当年抚育、后续抚育、环保措施、盖度或郁闭度、完全抚育内容、固定宣传牌、落实管护人员)，4个质量评价模型(植树造林成效评价模型、套种补植成效评价模型、疏伐改造成效评价模型、森林抚育成效评价模型)为广东省林业碳汇造林工程提供了统一的质量评价体系。

(1)造林面积核实率。对作业小班实地调查，现场勾绘、GIS 面积测算，得出人工造林、套种补植、疏伐改造和森林抚育的有效核实面积。

(2)造林面积合格率。树种选择采用建群树种与伴生树种相结合，单一树种不超过50%，速生树种不超过20%、混交率达80%、树种长势中等以上和造林成活率在85%以上为造林合格，通过造林合格面积和造林核实面积计算造林面积合格率。

（3）造林管理指标。作业设计率、档案建立率、自查率、管护率等指标是对造林工程管理的重要衡量指标。

3. 造林质量统计汇总

输入调查因子，造林质量统计汇总模块自动输出造林成活率汇总表、造林树种汇总表、造林成效面积汇总表、造林成效核查指标统计表、工程造林核查评分表。

（五）碳汇计量模块

1. 事前项目分层

事前项目分层主要考虑造林和管理模式，主要指标包括：树种、造林时间、成活率、混交方式等，利用计算机分层。

2. 项目碳储量变化量

根据项目的实际情况选择需要计量的碳库。项目碳储量变化量等于各项目碳层生物量碳库中的碳储量变化量之和，减去项目引起的原有植被碳储量的降低量。

3. 项目净碳汇量计量

项目实际产生的净碳汇量计算方法，等于项目碳储量变化量减去项目活动在项目边界内增加的排放量，减去基线碳储量变化量，再减去造林项目引起的边界外温室气体源排放的增加量（即泄漏）。

（六）碳汇监测模块

1. 事后项目分层

事后项目分层可在事前分层的基础上进行，但需进一步考虑事前分层中未予考虑的因素，如项目区气候、立地条件差异等。同时考虑实际营造林情况，如：实际造林树种、造林模式、造林时间以及抚育、施肥等管理方式等。选择分层的参数后，利用 GIS 技术记录分层的空间信息和属性信息，由计算机在人工交互的情况自动分层。

2. 监测样地设置

根据《造林项目碳汇计量与监测指南方法》抽样设计，计算出固定样地的数量，利用 GIS 自动在各事后分层的图层上进行抽样，并标记样点的空间位置，记录样点相关的属性信息。

3. 项目净碳汇量监测

对测定和计量项目运行期内的项目碳储量变化、项目边界内温室气体排放、泄漏所需的相关数据，根据项目监测净碳汇量计算公式，估算出各年度的项目净碳汇量。

（1）碳库选择。监测时要根据项目的实际情况选择碳库，但监测时选择碳库需与项目碳汇量预估时所选择的碳库一致。

（2）项目边界内的碳储量变化量。是项目碳储量变化量之和，根据项目监测净碳汇计量计算公式，估算出各年度的项目净碳汇量。

第五节 系统数据库管理

一、属性数据库管理

（1）数据录入。包括数据录入、数据纠错等功能。

（2）数据维护。包括数据修改、删除、数据安全性和一致性检查，数据交换、备份和恢复功能等。

（3）数据统计分析。包括现状和动态数据统计和报表输出等功能。

（4）数据查询。包括各级用户的交互式精确或模糊查询功能。

（5）与各子系统数据交换。包括属性数据、空间数据、模型、参数等数据之间的交换接口。

二、图形数据库管理

（1）图形输入。输入各种图形、图像、属性信息等。可以接收各种格式的外部数据文件，如 AutoCAD 或其他 GIS 软件采集的矢量数据文件，以 TIFF 等格式记录的栅格数据文件，或 Dbase、Access、Sqlserver 和 Oracle 等关系数据库数据。

（2）图形检索。可按比例尺、图幅、数据层、数据类、坐标范围、任意多边形、拓扑关系等进行单因子或多因子组合检索。

（3）属性查询。可以用光标显示图形上任何一个目标的属性，或查询任一矩形、或查询任一矩形、任意多边形中的全部目标属性；可以用光标查询、显示图形上任意一点的坐标或高程；可以根据图形查询相应的地名；可以根据代码或其他属性项通过逻辑关系查询所需属性。

（4）图形分析。系统以空间数据和非空间数据为依托，可进行各种应用分析，可以管理和迅速查阅广东省林业碳汇计量与监测系统中的相关专题分析图、统计报表等成果。

（5）图形更新。利用最新的收集资料、航拍图像、卫星影像数据做背景，与图形数据配准，通过数字化处理后进行数据更新，并相应地做好属性数据的编辑与更新。

（6）图形输出。能够按照数字地形图图形标准及专题图式显示或绘图输出分幅全要素地图，分幅部分要素地图，或任意区域范围的全要素或部分要素地图，输出不同比例尺的地图，可以输出单色图，也可以输出彩色图。

（7）数据派生功能。利用地形数据派生数字高程模型，并可根据需要进行抽点或内插，生成各种不同格网单元尺寸的数字高程模型（DEM），据此进一步生成坡度、坡向等分析数据和特种地图。

第六节 系统数据管理

一、区域级

（一）基于连清的碳汇监测点数据

广东省布设的基于连清碳汇监测点包括 5 个监测区、14 个地类、21 个树种（组）和 3 个龄级，通过对抽样样本的调查，获取森林生态系统碳库计算必需的林分因子、样地因子。建立乔木层与灌木层、草本层、枯落物层碳库估算关系模型与参数，获取相应土壤类型的有机碳估算参数，建立不同区域、不同林地地类、不同树种（组）、不同林龄的各层碳库关系模型库和相关参数库。数据流程如下图 4-5 所示。

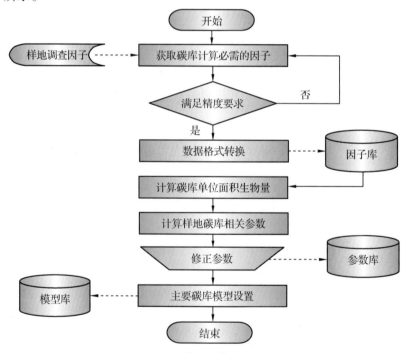

图 4-5　基于连清的碳汇监测点数据流程图

（二）森林资源二类清查数据及基于遥感年度更新数据

借助森林资源与生态状况年度监测信息系统，利用遥感和 GIS 技术，对变化小班的外业调查验证，再结合造林资料、森林火灾、森林病虫害、森林采伐、征占用林地等数据，把变化小班的空间数据和属性数据更新到年度地类面积变化监测台账，然后生成年度森林资源档案数据和年度林地变化数据。数据流程见图4-6。

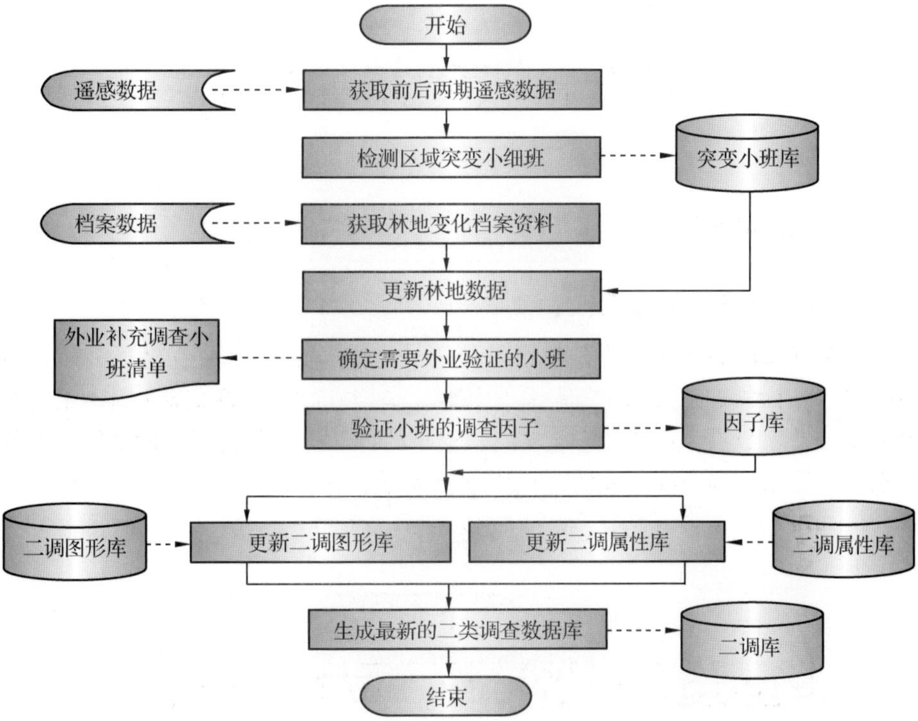

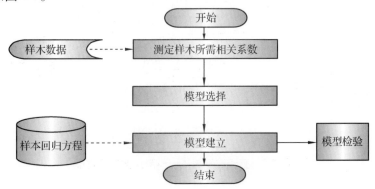

图 4-6　森林资源二类清查数据及基于遥感年度更新数据流程图

（三）主要树种单株生物量生长模型

通过收集整合广东主要树种的生物量数据，拟合出不同树种的生物量生长模型，同时也可以与基于连清样地调查的各树种生物量生长模型进行比较验证。数据流程如图 4-7。

图 4-7　主要树种单株生物量生长模型验证数据流程图

二、项目级

（一）基线调查数据

按照地表植被和土地利用状况、人为活动情况、碳库调查三部分进基线调查，对各碳库生物量进行计算，对基线调查进行数据维护（图4-8）。

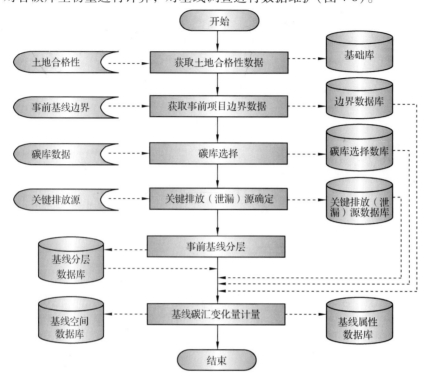

图4-8　基线调查数据流程图

（二）作业设计数据

建立广东省常用造林树种数据库，在造林作业设计时，从常用造林树种数据库中选择造林树种，此变量也将事前项目分层的参数之一，同时也要作为造林核查的基础资料，对空间和属性数据进行标记。造林物质需要量，造林造价概算模型、社会效益和经济效益进行定量分析。作业设计数据流程图见图4-9。

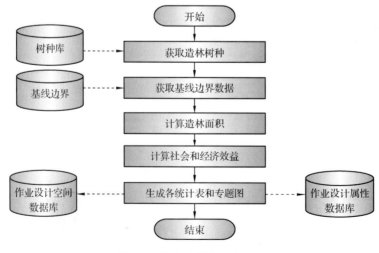

图4-9　作业设计数据流程图

（三）碳泄漏数据

确定关键温室气体排放（泄漏）源后，根据相关计算公式计算碳排放（泄漏）量，碳泄漏数据流程图见图4-10。

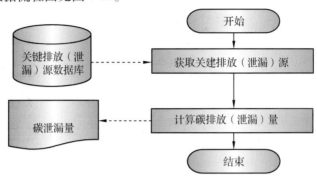

图 4-10　碳泄漏数据流程图

（四）造林质量核查数据

对碳汇造林的实际边界进行勾绘，同时用造林工程管理和造林质量指标对造林质量进行评价，得出造林质量成效分析。造林质量核查数据流程图见图4-11。

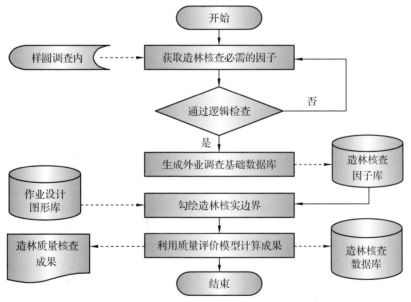

图 4-11　造林质量核查数据流程图

（五）碳汇计量数据

根据项目碳储量变化量、基线、温室气体源排放和泄漏等公式计算项目净碳汇量。碳汇计量数据流程图见图4-12。

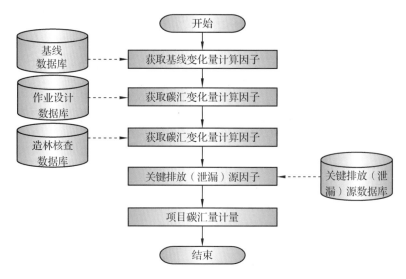

图 4-12 碳汇计量数据流程图

(六)碳汇监测验证数据

对监测项目进行事后项目边界确定、事后分层,计量项目运行期内的项目碳储量变化和项目边界内温室气体排放、泄漏,最后计算得出项目监测期内的净碳汇量。碳汇监测验证数据流程图见图 4-13。

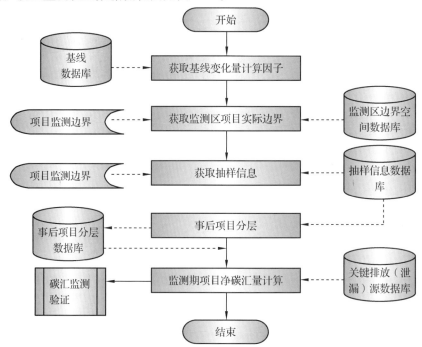

图 4-13 碳汇监测验证数据流程图

参考文献

1. 林俊钦. 森林生态宏观监测系统研究[M]. 北京：中国林业出版社，2004.

2. 王登峰. 广东省森林生态状况监测报告(2002年)[M]. 北京：中国林业出版社，2004.

3. 张海藩. 软件工程[M]. 北京：清华大学出版社，2009.

4. 魏安世. 基于"3S"的森林资源与生态状况年度监测技术研究[M]. 北京：中国林业出版社，2010.

第五章

广东省森林碳储量

本章森林碳储量是基于广东省森林资源"一类"清查 3685 个固定监测样地的实测数据，统计测算而成。

第一节　广东省森林碳储量估算方法

一、森林植被碳储量的计算方法

根据对样地主林层每木检尺调查数据以及下木层、灌木层、草本层样地调查数据，结合各层次的生物量模型，可以得出各层公顷生物量、碳密度、碳储量。

乔木层碳储量：利用样地主林层的每木检尺数据，按照不同树种的生物量模型计算出样地中各树种的公顷生物量，再乘以各树种的碳含率，得到其碳密度，再乘以各地类的面积，得到乔木层的碳储量。

下木层碳储量：调查样地内下木层的优势树种，并按相应的生物量模型计算下木层公顷生物量，再乘以各树种的碳含率，得到其碳密度，再乘以各地类的面积，得到下木层的碳储量。

灌木层碳储量：按照桃金娘、岗松、竹灌、其他灌木的生物量模型统计样地中的灌木（藤本）层公顷生物量，再乘以各自的碳含率，得到其碳密度，再乘以各地类的面积，得到灌木层碳储量。

草本层碳储量：按照各不同种类的生物量模型计算出该层中各种类的公顷生物量，再乘以各自的碳含率，得到其碳密度，再乘以各地类的面积，得到草本层碳储量。

二、枯落物碳储量的计算方法

另设固定的调查样方构成枯落物生物量的抽样体系。在每个固定样地正西设置一个 1 米 ×1 米方形样方,调查枯落物厚度、枯落物种类等。森林枯落物是指积累在林地表面上的森林植物干物质重量,由植物枯枝、落叶和凋落的皮、花、果实等成分组成,是森林生态系统生物量的重要组成部分。

森林枯落物碳储量根据不同森林类型的森林枯落物积累量(储量)和枯落物平均碳含量进行计算。

森林枯落物积累量通过模型进行估算。每公顷枯落物重量模型为:

$$W = a \times H$$
$$枯落物积累量 = W \times 面积$$

式中:W——每公顷枯落物重量;

a——某一类型森林的枯落物系数;

H——枯落物厚度(厘米)。

第二节 广东省森林植物生物量模型

森林资源清查资料具有分布范围广、几乎包含所有的森林类型、测量的因子容易获得、时间连续性强等优点(焦秀梅,2005),而基于森林资源清查数据进行大区域森林生物量的估算一直是人们关注的焦点(光增云,2007)。利用植物生物量方法估测森林植被碳储量是目前比较流行和应用最为广泛的方法(焦燕,2005),其优点就是直接、明确、技术简单、实用性强。目前我国对森林碳储量的估计,无论在森林群落或森林生态系统尺度上还是在区域、国家尺度上,普遍采用的方法是通过直接或间接测定森林植被的生物现存量(W)与生产量(ΔW)计算森林碳储量(Tc)和生产量(Pc),再乘以植物体中的碳元素含量(碳含率 Cc)推算求得。

$$T_c = \sum_{i=1}^{n} A_i W_i Cc_i \qquad P_c = \sum_{i=1}^{n} A_i \Delta W_i Cc_i$$

式中:T_c——森林碳储量(吨);

P_c——森林年固碳量(吨);

A_i——第 i 种优势树种(组)的森林面积(公顷);

W_i 和 ΔW_i——第 i 种优势树种的单位面积生物现存量和生产量(吨/公顷);

Cc_i——第 i 种优势树种(组)的碳含率(%)。

近年来,国内较多学者基于区域性的森林资源清查资料,开展了不同区域范围内的森林生物量和碳储量研究,先后建立了主要树种的生物量测定相对生长方程,估算了它们的生物量,为评价区域尺度的生态质量和研究我国森林生态系统的碳汇能力提供了重要参考。广东省林业调查规划院在 2001 年基于植物的胸径、树高以及单位面积蓄积量构建了广东省主要植物种类的生物量模型。森林植物生物量模型分主林层生物量模型、下木层生物量模型、灌木层生物量模型和草本层生物量模型。

（一）主林层生物量模型

主林层生物量模型按松、杉、硬阔、软阔、桉、相思、毛竹、杂竹等主要树种组编制和应用单株乔木生物量模型，各树种的生物量模型见表5-1。

表5-1 主要乔木树种（组）的生物量模型表

树种	器官	模型	树种	器官	模型
杉木	总	$W = 1.35868 \times D^{0.036275} \times H^{-0.41998} \times V$	马尾松	总	$W = 0.68592 \times V$
	树干	$W = 0.34015 \times D^{-0.39239} \times H^{0.40890} \times V$		树干	$W = 0.29289 \times D^{0.14621} \times H^{0.0089524} \times V$
	树枝	$W = 0.27140 \times D^{1.07261} \times H^{-1.69157} \times V$		树枝	$W = 0.12532 \times V$
	树叶	$W = 0.510239 \times D^{0.69072} \times H^{-1.71327} \times V$		树叶	$W = 0.079612 \times D^{-0.35263} \times H^{0.015724} \times V$
	树根	$W = 0.46493 \times D^{-0.32802} \times H^{-0.28171} \times V$		树根	$W = 0.48437 \times D^{-0.62207} \times H^{0.029132} \times V$
湿地松	总	$W = 0.70243 \times V$	桉树	总	$W = 0.473962 \times D^{0.16316} \times H^{-0.011208} \times V$
	树干	$W = 0.20011 \times D^{0.173698} \times H^{0.086849} \times V$		树干	$W = 0.23719 \times D^{0.31557} \times H^{-0.022517} \times V$
	树枝	$W = 0.019166 \times D^{0.62501} \times V$		树枝	$W = 0.090123 \times D^{-0.30267} \times H^{0.019109} \times V$
	树叶	$W = 0.57342 \times D^{-0.59891} \times V$		树叶	$W = 0.052637 \times D^{-0.21666} \times H^{0.014372} \times V$
	树根	$W = 0.46493 \times D^{-0.61082} \times V$		树根	$W = 0.15553 \times D^{-0.09897} \times H^{0.0073208} \times V$
阔叶树	总	$W = 1.23764 \times D^{-0.028090} \times H^{-0.067526} \times V$			
	树干	$W = 0.29700 \times D^{0.21272} \times H^{0.046734} \times V$			
	树枝	$W = 0.54541 \times D^{-0.27401} \times H^{-0.16565} \times V$			
	树叶	$W = 0.22526 \times D^{-0.38874} \times H^{-0.21925} \times V$			
	树根	$W = 0.820322 \times D^{-0.39686} \times H^{-0.22275} \times V$			

注：式中 W. 公顷生物量（吨/公顷）；H. 平均高（米）；D. 平均胸径（厘米）；V. 公顷蓄积（立方米/公顷）。

表中的马尾松生物量模型适用于广东松，湿地松生物量模型适用于其他国外松、杂交松。阔叶树生物量模型适用黎蒴、速生相思、其他软阔（南洋楹、木麻黄、荷木）、其他硬阔（台湾相思、锥类、栲类）。

表中各树种的平均高、平均胸径均由实测得到，公顷蓄积通过累加样地中各树种蓄积再乘以15得到。各树种的单株蓄积量见表5-2、5-3。

表5-2 主要乔木树种（组）的单株林木蓄积量模型表

树种	模型
杉木	$V = 6.97483 \times 10^{-5} \times D^{1.81583} \times H^{0.99610}$
马尾松	$V = 7.98524 \times 10^{-5} \times D^{1.74220} \times H^{1.01198}$
湿地松	$V = 7.81515 \times 10^{-5} \times D^{1.79967} \times H^{0.98178}$
桉树	$V = 8.71419 \times 10^{-5} \times D^{1.94801} \times H^{0.74929}$
黎蒴	$V = 6.29692 \times 10^{-5} \times D^{1.81296} \times H^{1.01545}$
速生相思	$V = 7.32715 \times 10^{-5} \times D^{1.65483} \times H^{1.08069}$
软阔类	$V = 6.74286 \times 10^{-5} \times D^{1.87657} \times H^{0.92888}$
硬阔类	$V = 6.01228 \times 10^{-5} \times D^{1.87550} \times H^{0.98496}$

注：式中 V. 单株林木蓄积（立方米）；H. 平均高（米）；D. 平均胸径（厘米）。

表中的马尾松生物量模型适用于广东松，湿地松生物量模型适用于其他国外松、杂交松。软阔类适用于南洋楹、荷木、木麻黄等，硬阔类适用于台湾相思、锥类、栲类等。

表5-3　主要竹林种类的生物量模型表

	器官	模　　型
毛竹	干	$W = 0.0000967 \times D^{2.175} \times N$
	枝	$W = 0.00083198 \times D^{1.1774} \times N^{0.648}$
	叶	$W = 0.0005099 \times D^{1.1774} \times N^{0.648}$
	根	$W = 0.000024175 \times D^{2.175} \times N + 0.000335475 \times D^{1.1774} \times N^{0.648}$
杂竹	干	$W = 0.001 \times N \times EXP(3.27482 - 9.6724/D)$
	枝	$W = 0.001 \times N / [0.685 + 12.8983 \times EXP(-D)]$
	叶	$W = 0.001 \times N / [1.056 + 48.5609 \times EXP(-D)]$
	根	$W = 0.001 \times N / [0.462 + 12.8510 \times EXP(-D)]$

注：式中 W. 公顷生物量；D. 平均胸径(厘米)；N. 公顷株数(株/公顷)。

毛竹450株/公顷以上或新造幼竹300株/公顷以上的归为毛竹林；除毛竹外，覆盖度在30%以上的其他竹林归为杂竹林。表中平均胸径通过实测获得，公顷株数为样地实测株数乘以15得到。

(二)森林非乔木层生物量模型

另设固定的调查样方构成非乔木层植被生物量的抽样体系。在每个固定样地西北角外正西、正北方设置一个4米×4米方形样方，组成了森林非乔木层植被生物量监测系统，用于森林下木、灌木、草本植物的数量特征调查。调查灌木种类、灌木地径、灌木平均高、灌木盖度、灌木株数、草本种类、草本平均高、草本盖度等。

1. 下木层生物量模型

下木层生物量模型按照杉木类、松木类、阔叶类进行编制，下木层不同树种的生物量模型见表5-4。表中平均树高、平均盖度通过实测获得，公顷株数为样地株数乘以15得到。

表5-4　下木层的生物量模型表

种类	模　　型
杉木类	$W = 0.000078366 \times G^{1.7218} \times H^{0.42311} \times N$
松木类	$W = 0.0000591648 \times G^{1.7444} \times H^{0.60238} \times N$
阔叶类	$W = 0.0000645384 \times G^{2.12837} \times H^{0.32853} \times N$

注：式中 W. 公顷生物量(吨/公顷)；H. 平均树高(米)；G. 平均盖度(%)；N. 公顷株数(株/公顷)；

2. 灌木(藤本)层生物量模型

灌木层生物量模型按照桃金娘、岗松、竹灌、其他灌木进行编制，灌木(藤本)层各种类的生物量模型如表5-5。表中平均高、平均盖度通过实测获得，公顷株数为样地株数乘以 15 得到。

表 5-5　灌木(藤本)层的生物量模型表

种类	模型	种类	模型
桃金娘	$W = 0.844764 \times G^{0.57041} \times H^{0.91788}$	竹灌	$W = 0.0538344 \times G^{1.18518} \times H^{0.33621}$
岗松	$W = 0.20784 \times G^{0.78701} \times H^{0.55053}$	其他灌木	$W = 0.056928 \times G^{1.25437} \times H^{0.662068}$

注:式中 W. 公顷生物量(吨/公顷);H. 平均高(米);G. 平均盖度(%);N. 公顷株数(株/公顷)。

3. 草本层生物量模型

草本层生物量模型按照芒萁、蕨类、大芒、小芒、杂草等种类进行编制,草本层各种类生物量模型见表 5-6。表中平均高、平均胸径通过实测获得。

表 5-6　草本层的生物量模型表

种类	模型	种类	模型
蕨类	$W = 0.40302 \times G^{0.501788} \times H^{0.223902}$	大芒	$W = 2.2872 \times exp(0.0088 \times G \times H)$
芒萁	$W = 0.00541224 \times G^{1.67967} \times H^{0.56081}$	小芒	$W = 1.81704 \times G^{0.23427} \times H^{1.26045}$
杂草	$W = 4.16892 \times H^{0.91037}$		

注:式中 W. 公顷生物量(吨/公顷);H. 平均高(米);G. 平均基径(厘米)。

第三节　广东省主要森林植物碳含率

植物碳含率是估算植被碳储量必须的基本参数。碳含率的确定主要有 3 种方法:常数值法、直接测定法、分子式法。国际上常用的植物碳含率为 0.45 或 0.50,许多研究中都采用 0.50 作为森林生物量推算碳储量的转换系数(Pettersen,1984)。但有研究表明,活体植物的碳含率常因树种、器官、地域的不同而异,其变化幅度可为 47%~59%(Laiho,1997;Lamlom,2003)。在如此大的浮动范围内,笼统的采用 0.45 或 0.50 作为转换系数常会使群落碳储量的估测值偏离实际值较远(Bert,2006),为此众多科研工作者对一些树种的碳含率进行了分析测定。

为给广东省的林业碳汇计量与监测体系研究提供参考与数据支撑,广东省林业调查规划院就广东省 10 种(含竹类 2 种)优势树种组,下木 3 种、灌木 3 种、草本 5 种的不同器官部位的碳含率进行了研究测定,测定方法采用直接测定法之湿烧法。直接测定法主要通过伐取各树种标准木,收集干(去皮)、干皮、枝、叶、根等样品,烘干粉碎,采用实验方法进行直接测定植物碳含率。

一、测定碳含率实验方法

森林植物有机碳含率样本的取样对象为单株木或单株(丛)植被。乔木类以单株木方法伐倒进行部位取样、草本或灌木以整株(丛)收获法进行取样。

（一）采样地点

结合广东省二类调查树种所占比例数据、材积模型建模、植物生物量建模取样经验，确定采样点在粤西的信宜市、遂溪县、廉江市、阳春市；粤东的东源县、龙川县、龙门县；粤北的阳山县、英德市、始兴县、南雄县、乳源县。

（二）研究对象

研究对象分为乔木类、下木类、竹类、灌木类、草本类。

（1）乔木类：分马尾松、杉木、湿地松、藜蒴、（尾叶）桉、速生相思、硬阔类、软阔类8种；

（2）下木类：分松类、杉类、阔叶类3种（胸径在5厘米以下的乔木树种）；

（3）竹类：分毛竹、其他竹类2种（竹类胸径在2厘米以上，否则划入竹灌类型）。

（4）灌木类：分桃金娘、岗松、竹灌、其他灌木4种；

（5）草本类：分芒萁、蕨类、大芒、小芒、其他草类5种。

乔木类、下木类和竹类13种，各需伐倒30株样木；草本类和灌木类9个种，每个种各需获取30整株（丛）样本（简称样株）。综上所述，样本量合计：390株伐木部位取样、270株整株收获样本。详见表5-7。

表5-7　广东省森林植物碳含率取样表

取样区域	取样单位	样本				取样种数	取样株数
		乔木	下木	灌木	草本		
粤西	信宜市	杉木、马尾松	杉木类		芒萁	4	60
	遂溪县	桉树、杂竹			其他草类	3	45
	廉江市	桉树、湿地松	松 木类		大芒	4	60
	阳春市	马尾松、速生相思		岗松	小芒	4	60
粤北	阳山县	湿地松、速生相思		竹灌	芒萁	4	60
	英德县	藜蒴	杉木类		大芒	3	45
	始兴县	硬阔类	阔叶类	桃金娘	小芒	4	60
	南雄县	毛竹		岗松		2	30
	乳源县	杉木、软阔类			蕨类	3	45
粤东	东源县	软阔类、藜蒴	阔叶类		蕨类	4	60
	龙川县	杂竹	松木类	竹灌		3	45
	龙门县	硬阔类、毛竹		桃金娘	其他草类	4	60

注：各种类取样数量在具体取样单位内均为15株（丛）。

（三）样本选取方式

在采样点选取符合要求的林分或林地中的乔木类、竹类、下木类，采用单株伐倒法对进行取样；采用整株收获法对草本类和灌木类植物进行取样。单株伐倒木的选取以样木取样径阶(胸径)进行划分确定。各树种的单株木取样径阶均划分为 5 个，各径阶的取样数量为 6 株。乔木类树种的取样径阶分别为 6 厘米、10 厘米、16 厘米、20 厘米和 24 厘米以上，胸径变动范围为 ±1 厘米；毛竹和其他竹类的取样径阶为 4 厘米、6 厘米、8 厘米、10 厘米和 12 厘米以上，胸径变动范围为 ±1 厘米；下木类树种的取样径阶分别为 1 厘米以下、1 厘米、2 厘米、3 厘米和 4 厘米，胸径变动范围为 ±0.5 厘米。草本类和灌木类的高度划分为 3 个等级，分别为 0.5 米以下、0.5～1.0 米和 1.0 米以上。

（四）样本采集

1. 乔木类和下木类样本的采集

树干样品的获取：选具有代表性或干形通直的林木作为样木，断梢木、干形不规则或因受采脂、病虫害等原因损害的样木不能选取。样木伐倒后，主干圆盘样品的获取位置为 5 处，分别为主干的基径处（0 米）、胸径处（1.3 米）、1/3 树高处、中央直径处（1/2 树高处）和 4/5 树高处。锯出 2～3 厘米厚度的圆盘（重量不少于 0.5 千克，圆盘过大时可以只取扇形块）。取出的圆盘应包含树皮；下木类的圆盘样品只需要基部和胸径部两处样品。

在伐倒木上，选取有代表性的树枝、树叶进行取样，样品不少于 0.5 千克；挖出树根，清除土层，选取采集不少于 0.5 千克样品。

2. 灌木类和草本类样品的采集

灌木和草本按高度等级进行选样。样本要求连根采集（挖出），清除土层，样品采集不少于 0.5 千克。

（五）样品处理和测定

乔木类样本按 0、1.3、1/3、1/2、4/5、枝、根、皮、叶烘干粉碎；下木类样本按 0、1.3、枝、根、叶烘干粉碎。灌木和草本类样本按根、枝、叶或根、叶烘干粉碎。过 60 目筛(0.25 毫米)贮存待测。

样本分析采用直接测定法之湿烧法：重铬酸钾—硫酸氧化法测定。

二、森林植被碳含率分析

（一）森林植被各部位碳含率分析

各树种的碳含率分析测定结果（表 5-8）表明，在所研究的 8 个乔木树种（竹林除外）各器官中，以叶子部位的碳含率最高，以树根的碳含率最低。8 个乔木树种不同器官碳含率大小依次为：树叶（0.5652）＞树枝（0.5351）＞树皮（0.5335）＞树干（0.5317＞树根（0.5259）。这充分说明了树叶作为碳素吸收器官的重要性。

表5-8 广东省主要植被器官碳含率

植被	树种	树干	树皮	树枝	树叶	树根	平均
乔木	马尾松	0.5358	0.5646	0.5447	0.5756	0.5356	0.5513
	杉木	0.5564	0.5533	0.5567	0.5612	0.5452	0.5545
	湿地松	0.5559	0.5843	0.5723	0.5840	0.5532	0.5700
	速生相思	0.5232	0.5622	0.5303	0.5644	0.5258	0.5412
	桉树	0.5296	0.4413	0.5204	0.5638	0.5170	0.5144
	藜蒴	0.5148	0.5156	0.5157	0.5608	0.5064	0.5227
	硬阔	0.5201	0.5207	0.5195	0.5451	0.5136	0.5238
	软阔	0.5176	0.5257	0.5212	0.5414	0.5101	0.5232
	杂竹	0.5128		0.5046	0.4535	0.3819	0.4632
	毛竹	0.5230		0.5245	0.4871	0.5038	0.5096
下木	松类	0.5117		0.5163	0.4987	0.4981	0.5062
	杉类	0.5174		0.5078	0.4927	0.5005	0.5046
	阔叶类	0.4962		0.4936	0.4845	0.4752	0.4874
灌木	岗松	0.4900				0.4922	0.4911
	竹灌	0.4605				0.4877	0.4741
	桃金娘	0.4805				0.4765	0.4785
	其他灌木	0.4890				0.4814	0.4852
草本	其他草类						0.4113
	蕨类						0.3973
	小芒						0.4527
	芒萁						0.4691
	大芒						0.4736

（二）乔木、下木、灌木、草本层碳含率分析

从图5-1可以看出，乔木类的碳含率最大，草本类的碳含率最小，乔木类（0.5274）>下木类（0.4994）>灌木类（0.4822）>草本类（0.4408），这说明乔木层在森林植被中是固碳主体，固碳潜力最大。

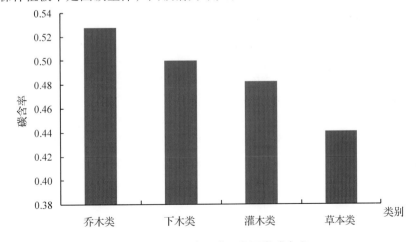

图5-1 乔、下木、灌、草四类碳含率

(三)森林植物各种类碳含率分析

森林植物种类中，湿地松的碳含率 57.00% 最大，其次为杉木 55.45%，马尾松 55.13%。蕨类、其他草类、杂竹碳含率较低，分别为 39.73%、41.13%、46.32%（图 5-2 和表 5-2）。值得一提的是，在乔木层中（竹林除外），桉树的碳含率最低，为 51.44%。

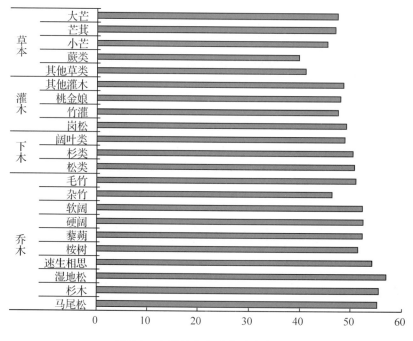

图 5-2　森林植物各种类碳含率(%)

(四)各植物种类按径阶碳含率分析

随着树木生长到一定时期，碳含率呈下降趋势。在相同径阶，湿地松的碳含率最高，其次为杉木 > 马尾松 > 速生相思 >（桉树、藜蒴、硬阔、软阔）（图 5-3）。在径阶 6~24 厘米范围内，湿地松、杉木、速生相思均是随着径阶的增大碳含率随之升高；马尾松的碳含率规律为径阶 6~20 厘米，碳含率随着径阶的增大而增大，当径阶超 20 厘米时，碳含率随之下降。但是，桉树在碳含率在径阶为 10 厘米时达到最大，为 53.68%。乔木树种碳含率的变化均为 S 曲线，变化比较平缓。在相同径阶，毛竹和杂竹的碳含率均其他乔木树种低，且毛竹的碳含率均比杂竹高。以上的碳含率变化规律均符合树木的生长规律，随着树木的生长，当树林成为成过熟林时，乔木林会变成碳"源"。

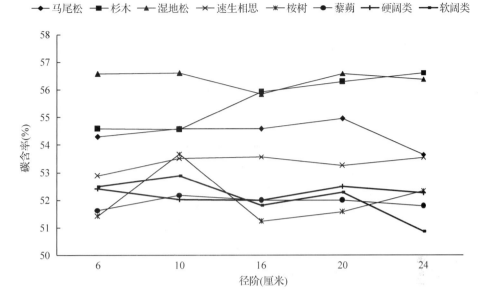

图 5-3　8 个主要乔木树种按径阶碳含率（%）

第四节　广东省 10 年森林碳储量动态变化

在已知广东省森林植被的生物量模型及主要森林植物碳含率的情况下，根据森林碳储量的估算方法，利用广东省每五年一次的全国森林资源连续清查数据，可以探讨广东省连清年份，即 2002、2007、2012 年的森林碳储量动态变化。

一、广东省森林植物碳密度

森林植物碳密度是指单位面积上森林植物的碳储量。从图 5-4 可以看出，2002 年广东省各森林类型的碳密度以乔木林中的硬阔类最高，为 42.23 吨/公顷，其次为杂竹林 35.96 吨/公顷，再次为软阔类、杉木林等，桉树的碳密度最小，仅为 9.73 吨/公顷。2007 年广东省各森林类型中，碳密度最大的是乔木林中硬阔类，为 43.46 吨/公顷，较 2002 年略有增加，其次是杂竹林，为 41.74 吨/公顷，接下来为杉木林、乔木林软阔类，桉树的碳密度最小，见图 5-5。从图 5-6 可以看出，2012 年森林类型中碳密度最大的前四类为乔木林地中的杂竹林、硬阔林、软阔林和毛竹林，分别为 48.24 吨/公顷、45.62 吨/公顷、38.93 吨/公顷和 38.16 吨/公顷，平均碳密度较 2007 年有所增大。通过比较分析 2002、2007 和 2012 年广东省不同森林类型的碳密度可以发现，阔叶树种尤其是软阔树种具有较高的碳密度，拥有最大的固碳潜力，是碳汇林建设的推荐树种。

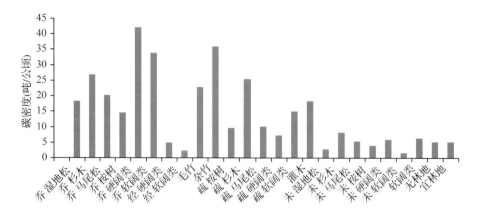

图 5-4　2002 年广东省各森林类型碳密度

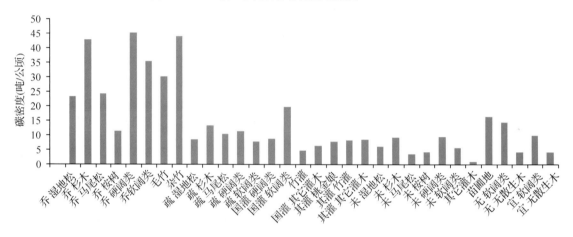

图 5-5　2007 年广东省各森林类型碳密度

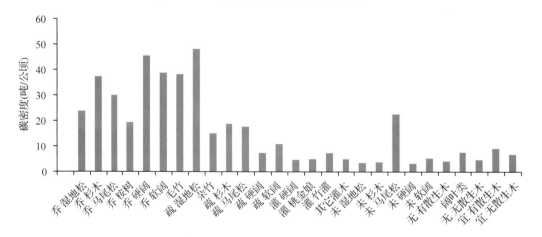

图 5-6　2012 年广东省各森林类型碳密度

二、广东省森林碳储量

(一)广东省森林不同地类碳储量

2002 年,广东省森林植物碳储量为 22 707.94 万吨。乔木林碳储量为 19 300.8 万吨,占全省植物碳储量的 84.99%;竹林为 1142.98 万吨,占 5.03%;疏林地为 219.31 万吨,占 0.97%;灌木林地为 1412.11 万吨,占 6.22%;未成林地为 97.16 万吨,占 0.43%;苗圃地仅为 6.19 万吨,占 0.03%;无林地为 200.10 万吨,占 0.88%;宜林地为 329.29 万吨,占 1.45%(见表 5-9)。

2007 年,广东省植物碳储量为 25 260.99 万吨。乔木林碳储量为 21 064.71 万吨,占全省植物碳储量的 83.39%;竹林为 1590.27 万吨,占 6.3%;疏林地为 145.35 万吨,占 0.58%;灌木林地为 1486.04 万吨,占 5.88%;未成林地为 200.07 万吨,占 0.79%;苗圃地仅为 15.71 万吨,占 0.06%;无林地为 367.55 万吨,占 1.46%;宜林地为 391.28 万吨,占 1.55%(见表 5-9)。

2012 年,广东省植物碳储量为 29 514.01 万吨,按地类分,其中乔木林植物碳储量为 25 859.11 万吨,占全省林地植物碳储量的 87.62%;竹林为 1982.67 万吨,占 6.72%;疏林地为 105.36 万吨,占 0.36%;灌木林地为 806.05 万吨,占 2.73%;未成林地碳储量为 128.02 万吨,占 0.43%;苗圃地碳储量仅为 1.99 万吨,占 0.01%;无林地碳储量为 385.70 万吨,占 1.31%;宜林地碳储量为 245.09 万吨,占 0.83%(见表 5-9)。

表5-9 广东省森林不同地类植物碳储量表

地类	2002 年		2007 年		2012 年	
	碳储量(万吨)	比例(%)	碳储量(万吨)	比例(%)	碳储量(万吨)	比例(%)
乔木林	19 300.8	84.99	21 064.71	83.39	25 859.11	87.62
竹 林	1142.98	5.03	1590.27	6.3	1982.67	6.72
疏林地	219.31	0.97	145.35	0.58	105.36	0.36
灌木林地	1412.11	6.22	1486.04	5.88	806.05	2.73
未成林地	97.16	0.43	200.07	0.79	128.02	0.43
苗圃地	6.19	0.03	15.71	0.06	1.99	0.01
无林地	200.1	0.88	367.55	1.46	385.7	1.31
宜林地	329.29	1.45	391.28	1.55	245.09	0.83
合计	22 707.94	100	25 260.99	100	29 514.01	100

从图 5-7 可以看出,森林植物总碳储量随着时间的推移逐渐增加,尤其是乔木林碳储量增幅更大。2002 年、2007 年和 2012 年的广东省森林碳储量的主体均是乔木林,乔木林的碳储量远远高于其他类型。10 年间,广东省森林碳储量大幅增加,由 2002 年的 22 707.94 万吨增加至 2012 年的 29 514.01 万吨。主要是因为 2000 年以来,广东省大力植树造林,加强森林抚育管护,增加了森林面积,提高了森林质量。

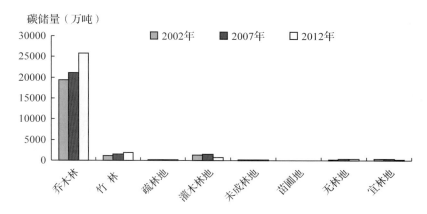

图 5-7　广东省森林不同地类碳储量

（二）广东省森林不同林层碳储量

从表 5-10 可以看出，2002 年乔木层为 14 965.97 万吨，占全省林地植物碳储量的 65.91%；下木层 2328.91 万吨，占 10.26%；灌木层 4348.08 万吨，占 19.15%；草本层 1064.98 万吨，占 4.69%。2007 年乔木层为 19 567.62 万吨，占全省林地植物碳储量的 77.46%；下木层 1517.90 万吨，占 6.01%；灌木层 2605.82 万吨，占 10.32%；草本层 1569.64 万吨，占 6.21%。2012 年乔木层为 24 539.55 万吨，占全省林地植物碳储量的 83.15%；下木层 543.29 万吨，占 1.84%；灌木层 1804.67 万吨，占 6.11%；草本层 2626.50 万吨，占 8.90%。

表 5-10　广东省森林不同林层碳储量表

林层	2002 年		2007 年		2012 年	
	碳储量（万吨）	比例(%)	碳储量（万吨）	比例(%)	碳储量（万吨）	比例(%)
乔木层	14 965.97	65.91	19 567.62	77.46	24 539.55	83.15
下木层	2328.91	10.26	1517.90	6.01	543.29	1.84
灌木层	4348.08	19.15	2605.82	10.32	1804.67	6.11
草本层	1064.98	4.69	1569.64	6.21	2626.50	8.90
合计	22 707.94	100	25 260.99	100	29 514.01	100

从图 5-8 可以看出，在 2002～2012 年期间，广东省森林不同林层的碳储量以乔木层为主，乔木层碳储量逐年增加。主要亦因为森林面积增加，林地质量提高。

（三）广东省森林内枯死木、枯落物的碳储量

1. 枯落物碳储量

森林枯落物碳储量根据不同森林类型的森林枯落物积累量（储量）和枯落物平均碳含量进行计算。

森林枯落物积累量通过模型进行估算。每公顷枯落物重量模型为：$W = a \times H$；枯落物积累量 $= W \times$ 面积。其中，W 为每公顷枯落物重量，a 为某一类型森

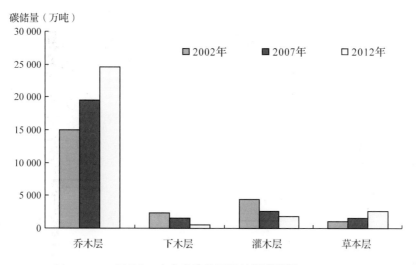

图 5-8　广东省森林不同林层碳储量

林的枯落物系数，H 为枯落物厚度，单位为厘米。广东省主要树种的森林枯落物系数 a 见表 5-11。

表 5-11　广东省主要树种森林枯落物系数

树　种	枯落物系数	树　种	枯落物系数
马尾松	2.1965	软　阔	1.6069
杉　木	2.0222	针叶混	0.3859
湿地松	1.8653	针阔混	1.2262
桉　树	1.3021	阔叶混	1.4339
藜　蒴	0.6842	毛　竹	1.2982
速生相思	3.4054	杂　竹	1.1394
硬　阔	1.1468		

注：经济树种、灌木林枯落物系数采用硬阔数据。

根据广东省主要树种的森林枯落物积累量模型和枯落物碳含率，结合林地枯落物厚度，统计出全省各林地样地的枯落物碳储量。

全省林地枯落物平均碳密度为 2.16 吨/公顷。全省林地枯落物总重量为 4154.99 万吨，碳储量为 2316.53 万吨。

按地类分，乔木林具有最大的枯落物碳密度，为 2.84 吨/公顷；其次为疏林地，为 2.34 吨/公顷，未成林封育地为 2.30 吨/公顷，竹林 1.71 吨/公顷，未成林造林地 1.60 吨/公顷，其他灌木林地 1.54 吨/公顷，国家灌木林地 0.95 吨/公顷，火烧迹地、宜林荒山荒地枯落物碳密度都较低；苗圃地、采伐迹地和宜林沙荒地没有枯落物。

2. 枯死木碳储量

根据广东省连清数据，利用生物量模型以及各树种的碳含率，统计 2012 年枯死木的碳储量为 742.78 万吨（方法同森林碳储量估算）。见表 5-12。

表 5-12　2012 年广东省森林枯死木碳储量

优势种	公顷生物量(吨/公顷)	碳密度(吨/公顷)	碳储量(万吨)
湿地松	4.41	2.51	22.91
杉木	2.37	1.31	18.28
马尾松	8.73	4.81	76.18
桉树	1.11	0.57	2.47
硬阔	8.32	4.36	516.07
软阔	11.63	5.93	102.35
竹林	3.39	1.57	4.52
合计			742.78

三、广东省不同经济区的森林碳储量

将广东省划分为珠江三角洲经济区、粤东沿海经济区、粤西沿海经济区、粤北及周边经济区等 4 个经济区域,各分区情况如下:

(1)珠江三角洲经济区:广州市、深圳市、珠海市、佛山市、江门市、东莞市、中山市以及惠州市的惠城、惠阳、惠东、博罗和肇庆的端州、鼎湖、四会、高要。

(2)粤东沿海经济区:汕头市、潮州市、揭阳市、汕尾市。

(3)粤西沿海经济区:湛江市、茂名市、阳江市。

(4)粤北及周边经济区:韶关市、梅州市、清远市、河源市、云浮市及肇庆市的广宁、怀集、封开、德庆和惠州市的龙门。

从表 5-13 可以看出,粤北及周边地区的森林碳储量最大,占全省森林碳储量的 70% 左右,其次为珠江三角洲地区,粤东沿海地区林地森林碳储量最少。这是因为粤北及周边地区的林地面积最大,碳密度最高。2002 年林地面积占全省林地面积的 62.3%,2007 年占 61.9%,2012 年占全省的 61.9%。以上数据反映了大部分森林资源主要分布在粤北及周边地区,该地区是广东省最主要的林区;此外,粤北及周边地区森林植被保存较好,森林结构比较完整,森林碳汇功

表 5-13　广东省不同经济区的森林植物碳密度和碳储量

经济区	平均碳密度(吨/公顷)			碳储量(万吨)		
	2002 年	2007 年	2012 年	2002 年	2007 年	2012 年
珠江三角洲	18.55	19.6	34.13	3362.9	3573.55	4175.20
粤东沿海	15.2	18.82	17.09	1195.79	1498.43	1750.71
粤西沿海	15.63	17.78	25.08	2114.61	2619.09	3060.05
粤北及周边	24.56	26.46	45.33	16 034.65	17 569.92	20 528.05
合计				22 707.94	25 260.99	29 514.01

注:碳储量按不同地类植物碳密度结合样地数计算得出。

能突出，多种原因使得粤北及周边地区的森林碳储量极大。珠江三角洲地区多年来一直大力推进低效林改造，营造风景林，提高了林分质量，从而提高了森林的碳汇功能，因此该地区碳密度较高。碳密度较低的是粤西和粤东沿海地区。具体见图 5-10、5-11。

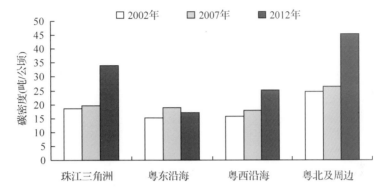

图 5-9　广东省不同经济区的森林植物碳密度

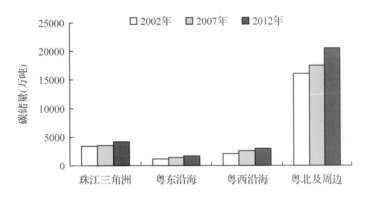

图 5-10　广东省不同经济区的森林植物碳储量

四、广东省不同纬度的森林碳储量

广东省所跨纬度 20°～26°，按 20°～21°、21°～22°、22°～23°、23°～24°、24°～25°、25°～26°将广东省森林分六个纬度区间，研究其碳密度及碳储量的分布特征。

表 5-14　广东省不同纬度带的森林植物碳密度和碳储量表

纬度	平均碳密度（吨/公顷）			碳储量（万吨）		
	2002 年	2007 年	2012 年	2002 年	2007 年	2012 年
20～21	13.55	13.6	16.19	175.53	215.42	232.98
21～22	14.02	15.23	13.02	1035.48	1205.13	1055.72

（续）

纬度	平均碳密度（吨/公顷）			碳储量（万吨）		
	2002 年	2007 年	2012 年	2002 年	2007 年	2012 年
22～23	18.15	20.36	23.06	3412.85	3926.84	4448.17
23～24	21.77	23.09	26.61	8470.5	8572.5	10 381.33
24～25	25.25	27.37	33.21	8163.77	9650.8	11 089.14
25～26	23.8	27.53	36.98	1449.81	1690.3	2306.67
合计				22 707.94	25 260.99	29 514.01

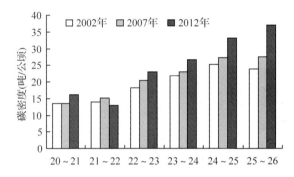

图 5-11　广东省不同纬度带的森林植物碳密度

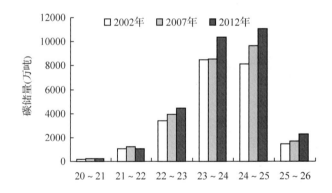

图 5-12　广东省不同纬度带的森林植物碳储量

从表 5-14 和图 5-11、12 可以看出，2002、2007 和 2012 年广东省森林碳密度均表现出随着纬度的升高而增大趋势（2002 年 25°～26°区间低于 24°～25°度区间），高、低纬度区间的森林碳密度差异明显，其中 2007 年的高纬度区间碳密度比 2002 年约多 1 倍。23°～24°、24°～25°两个纬度区间的林地面积较大，约占全省林地面积的 70%，表明广东省的森林资源大部分集中于这两个纬度区间，同时由于这两个纬度区间碳密度较大，使其成为广东省主要的碳储量地带。2002 年、2007 年和 2012 年这两个纬度区间碳储量分别占广东省森林植物总碳储量的 73.3%、72.1% 和 72.7%。各纬度区间的森林碳储量随时间的推移逐渐增大，主要是由于森林碳密度的增加，其次是林地面积的增加引起。

参考文献

1. 叶金盛, 佘光辉. 广东省森林植被碳储量动态研究[J]. 南京林业大学学报, 2010, 34 (4): 7 – 12.

2. 闫德仁, 闫婷. 内蒙古森林碳储量估算及其变化特征[J]. 林业资源管理, 2010, (3): 31 – 33, 103.

3. 应天玉, 李明泽, 范文义. 哈尔滨城市森林碳储量的估算[J]. 东北林业大学学报, 2009, 37(9): 33 – 35.

4. 耿相国. 平原区农田防护林杨树单株碳含量、碳储量及其分配配[D]. 北京林业大学, 2010.

5. 殷鸣放, 赵林, 陈晓非. 长白落叶松与日本落叶松的碳储量成熟龄[J]. 应用生态学报, 2008, 19(12): 2567 – 2571.

6. 包艳丽, 牛树奎, 张国林. 天山云杉林碳储量研究[J]. 干旱区资源与环境, 2009, 23 (9): 113 – 117.

7. 王兵, 王燕, 郭浩. 江西大岗山毛竹林碳贮量及其分配特征[J]. 北京林业大学学报, 2009, 31(6): 39 – 42.

8. 林清山, 洪伟. 中国森林碳储量研究综述[J]. 中国农学通报, 2009, 25 (6): 220 – 224.

9. 张骏, 袁位高, 葛滢. 浙江省生态公益林碳储量和固碳现状及潜力[J]. 生态学报, 2010, 30(14): 3839 – 3848.

10. 曹吉鑫, 田赟, 王小平. 森林碳汇的估算方法及其发展趋势[J]. 生态环境学报, 2009, 18(5): 2001 – 2005.

11. 张茂震, 王广兴, 周国模. 基于森林资源清查、卫星影像数据与随机协同模拟尺度转换方法的森林碳制图 [J]. 生态学报, 2009, 29(6): 2919 – 2928.

12. Streets D G, Jiang K, Hu X, et al. Recent reductions in China's greenhouse gas emissions [J]. Science, 2001, 294(5548): 1835 – 1837.

13. De Graaff M A, Six J, Harris D, et al. Decomposition of soil and plant carbon from pasture systems after 9 years of exposure to elevated CO_2: Impact on C cycling and modeling[J]. Global Change Biology, 2004, 10(11): 1922 – 1935.

14. Grünzweig J M, Sparrow S D, Yakir D, et al. Impact of agricultural land – use change on carbon storage in Boreal Alaska[J]. Global Change Biology, 2004, 10(4): 452 – 472.

15. 曹军, 张镱锂, 刘燕华. 近20年海南岛森林生态系统碳储量变化[J]. 地理研究, 2002, 21(5): 550 – 558.

16. 杨昆, 管东生. 珠江三角洲地区森林生物量及其动态[J]. 应用生态学报, 2007, 18 (4): 705 – 712.

17. 王兵, 魏文俊. 江西省森林碳储量与碳密度研究[J]. 江西科学. 2007. 25(6): 681 – 687.

18. 俞艳霞, 张建军, 王孟本. 山西省森林植被碳储量及其动态变化研究[J]. 林业资源管理, 2008, 6: 37 – 39.

19. 曾伟生. 云南森林生物量与生产力研究[J]. 中南林业调查规划, 2005, 24(4): 1 – 13.

20. 樊登星, 余新晓, 岳永杰, 等. 北京市森林碳储量及其动态变化[J]. 北京林业大学学报，2008，30(12)：117 – 120.

21. 方精云，郭兆迪，朴世龙，等. 1981 – 2000 年中国陆地植被碳汇的估算[J]. 中国科学(D 辑)：地球科学，2007，37(6)：804 – 811.

22. 方精云，陈安平，赵淑清，等. 中国森林生物量的估算：对 Fang 等 Science 一文的若干说明[J]. 植物生态学报，2002，26(2)：243 – 249.

23. 方精云，刘国华，徐嵩龄. 我国森林植被的生物量和净生产量[J]. 生态学报，1996，16(5)：497 – 508.

24. 王义祥. 福建省主要森林类型碳库与杉木林碳吸存[D]. 福州：福建农林大学，2004.

25. 周传艳，周围逸，王春林，等. 广东省森林植被恢复下的碳储量动态[J]. 北京林业大学学报. 2007，9(2)：60 – 65.

26. 陈辉，洪伟，兰斌，等. 闽北毛竹生物量与生产力的研究[J]. 林业科学，1998，34(1)：60 – 64.

27. 王雪军，黄围胜，孙玉军，等. 近20年辽宁省森林碳储量及其动态变化[J]. 生态学报，2008，28(10)：4757 – 4764.

28. 孙世群，王书航，陈月庆，等. 安徽省乔木林同碳能力研究[J]. 环境科学与管理，2008，33(7)：144 – 147.

29. 焦秀梅，项文化，田大伦. 湖南省森林植被的碳贮量及其地理分布规律[J]. 中南林学院学报，2005，25(1)：4 – 8.

30. 光增云. 河南森林植被的碳储量研究[J]. 地域研究与开发，2007，26(1)：76 – 79.

31. 焦燕，胡海清. 黑龙江省森林植被碳储最及其动态变化[J]. 应用生态学报，2005，16(12)：2248 – 2252.

32. Birdsey R A, Plantinga A J, Heath L S. Past and prospective carbon storage in United States forests[J]. Forest Ecology and Management, 1993, 58(1)：33 – 40.

33. 薛立，杨鹏. 森林生物量研究综述[J]. 福建林学院学报，2004，24(3)：283 – 288.

34. Whittaker R H, Marks P L. Methods of assessing terrestrial productivity[J]. Primary productivity of the biosphere, 1975, 14：55 – 118.

35. 冯仲科，罗旭，石丽萍. 森林生物量研究的若干问题及完善途径[J]. 世界林业研究，2005，18(3)：25 – 28.

36. Brown S, Lugo A E. Biomass of tropical forests：A new estimate based on forest volumes [J]. Science(Washington), 1984, 223(4642)：1290 – 1293.

37. Kauppi P E, Mielikäinen K, Kuusela K. Biomass and carbon budget of European forests, 1971 to 1990[J]. Science (New York, NY), 1992, 256(5053)：70 – 74.

38. Laiho R, Laine J. Tree stand biomass and carbon content in an age sequence of drained pine mires in southern Finland[J]. Forest Ecology and Management, 1997, 93(1)：161 – 169.

39. Lamlom S H, Savidge R A. A reassessment of carbon content in wood：variation within and between 41 North American species[J]. Biomass and Bioenergy, 2003, 25(4)：381 – 388.

40. Bert D, Danjon F. Carbon concentration variations in the roots, stem and crown of mature *Pinus pinaster* [J]. Forest Ecology and Management, 2006, 222(1)：279 – 295.

41. 姜东涛. 森林制氧固碳功能与效益计算的探讨[J]. 华东森林经理，2005，19(2)：19 – 21.

42. 孙世群，王书航，等. 安徽省乔木林固碳能力研究[J]. 环境科学与管理，2008，33(7)：144 – 147.

43. 林俊钦，邓鉴峰，林寿明等. 森林生态宏观监测系统研究[M]. 北京：中国林业出版社，2004.

44. 李铭红，于明坚，陈启常，等. 青冈常绿阔叶林的碳素动态[J]. 生态学报，1996，16(6)：645－651.

45. 阮宏华，姜志林，高苏铭. 苏南丘陵主要森林类型碳循环研究含量与分布规律[J]. 生态学杂志，1997，16(6)：17－21.

46. 吴仲民，李意德，曾庆波. 尖峰岭热带山地雨林C素库及皆伐影响的初步研究[J]. 应用生态学报，1998，9(4)：341－344.

47. 方运霆，莫江明. 鼎湖山马尾松林生态系统碳素分配和贮量的研究[J]. 广西植物，2002，22(4)：305－310.

48. 马钦彦，陈遐林，王娟，蔺琛，康峰峰等. 华北主要森林类型建群种的碳含率分析[J]. 北京林业大学学报，2002，24(5)：96－100.

49. 莫江明，方运霆，彭少麟，等. 鼎湖山南亚热带常绿阔叶林碳素积累和分配特征[J]，生态学报，2003，23(10)：1970－1976.

50. 周国模，姜培坤. 毛竹林的碳密度和碳贮量及其空间分布[J]. 林业科学，2004，140(16)：20－24.

51. 王兵，魏文俊. 江西省森林碳储量与碳密度研究[J]. 江西科学，2007，25(6)：681－687.

52. 唐宵，黄从德，张健，宁远超. 四川主要针叶树种碳含率测定分析[J]. 四川林业科技，2007，28(2)：20－23.

53. 王立海，孙墨珑. 东北12种灌木热值与碳含量分析[J]. 东北林业大学学报，2008，36(5)：45－46.

54. 赵敏，周广胜. 基于森林资源清查资料的生物量估算模式及其发展趋势[J]. 应用生态学报，2004，15(8)：1468－1472.

55. 王佩卿. 木材化学[M]. 北京：中国林业出版社，1983.

56. 顾凯平，张坤，张丽霞. 森林碳汇计量方法的研究[J]. 南京林业大学学报(自然科学版)，2008，32(5)：105－109.

57. 王雪军，黄国胜，孙玉军，付晓，韩爱惠. 近20年辽宁省森林碳储量及其动态变化[J]. 生态学报，2008，28(10)：4757－4764.

58. 森林土壤有机质测定及碳氮比的计算(S). 中华人民共和国林业行业标准，LY/T 1237－1999.

第六章

长隆集团碳汇造林项目碳汇计量

本章主要介绍企业（个体）营造碳汇林项目，综合阐述长隆集团分别在五华县、兴宁市、紫金县、东源县四县造林项目碳汇的计量过程。

第一节 项目概况及分层

一、项目概况

2011 年 3 月，广州长隆集团向中国绿色碳汇基金会捐赠 1000 万元，作为成立中国绿色碳汇基金会广东碳汇基金专项的启动基金。考虑保护生物多样性、改善生存环境和自然景观、增加当地群众收入等多重效益，根据中国绿色碳汇基金会广东碳汇基金专项安排，启动基金的碳汇造林项目投资在粤东地区，建设规模为 13000 亩，其中，梅州市的五华县 4000 亩、兴宁市 4000 亩；河源市的紫金县 3000 亩、东源县 2000 亩。按照国家林业局《碳汇造林技术规定（试行）》（办造字〔2010〕84 号），广东省林业调查规划院于 2011 年 4 月承担了四个县（市）碳汇造林项目的基线调查和作业设计，由四个县（市）林业局具体组织项目实施。按照适地适树原则，项目选择的造林树种为荷木、枫香、樟树、红锥、藜蒴、火力楠、山杜英、格木、台湾相思八种适应性强、耐干旱瘠薄、生长较快的乡土阔叶树种。2012 年广东省林业调查规划院依据国家林业局《碳汇造林检查验收办法（试行）》（办造字〔2010〕84 号）检查验收合格。2012 年 6 月由具有林业碳汇计量监测资质的国家林业局昆明勘察设计院和广东省林业调查规划院一起共同对四个县（市）碳汇造林项目进行碳汇计量，结果显示，在 20 年（2012~2031 年）计入期内项目净碳汇量计量值为 261275 吨 $CO_2 - e$，平均每亩 20.09 吨 $CO_2 - e$。下面对长隆集团碳汇造林项目的碳汇计量过程进行详细阐述。

二、事前基线分层

事前基线分层主要用于分层测定和计量造林前非林木植被碳储量。以造林前项目地植被状况为主要对象（表 6-1），主要调查散生木及其他优势树种和年龄，以及非林木植被的高度和盖度，特别是灌木植被的种类和盖度，作为计量因造林活动引起的原有非林木植被碳储量的变化。

表 6-1　碳汇造林项目事前基线分层表

| 项目县 | 事前基线碳层编号 | 面积（亩） | 散生木 | | | 灌木 | | 草本 | |
			优势树树	平均年龄	每顷株数	平均盖度（%）	平均高度（厘米）	平均盖度（%）	平均高度（厘米）
五华县	BSL－1	390	湿地松	8	30	–	–	–	–
	BSL－2	91		–	–	15	40	70	20
	BSL－3	3519	马尾松	8	75	15	120	70	100
兴宁市	BSL－1	2141		–	–	30	150	60	50
	BSL－2	1021	荷木	6	75	20	150	70	50
	BSL－3	838	马尾松	8	80	10	60	40	30
紫金县	BSL－1	316.5	马尾松	17	75	10	150	95	100
	BSL－2	2454	马尾松		45	20	150	75	100
	BSL－3	229.5	马尾松	20	45	10	150	85	100
东源县	BSL－1	1615	马尾松	7	60	30	120	75	135
	BSL－2	247	桉树	5	165	55	120	45	90
	BSL－3	138	枫香	5	15	30	100	55	95

三、事前项目分层

虽然林木的生长与项目区气候、立地条件（地形、坡位、坡向、土壤类型、土层厚度）、树种和管理模式（施肥、除草、灌溉等）有关，但由于气候和立地条件通常在项目设计时，通过不同的树种选择予以考虑，而且项目参与方事前很难获得不同气候、立地条件和施肥情况下的生长数据，因此，事前项目分层主要依据造林和管理模式，主要指标包括：树种、造林时间、造林立地条件、施肥情况、灌溉等。

由于造林地地形、气候、土壤等立地条件基本一致，经营管理措施一致，根据造林树种、混交方式、造林时间、初植密度进行分层，各建设单位事前项目分层详见表 6-2。

表 6-2　四个县碳汇造林项目事前项目分层表

项目县	事前项目碳层编号	造林树种及配置比例	混交方式	造林时间	初植密度（株/亩）	面积（亩）
五华县	PROJ-1	樟树18 荷木20 枫香18 山杜英18	随机混交	2011	74	2733
	PROJ-2	樟树18 荷木20 相思18 火力楠18	随机混交	2011	74	1267
兴宁市	PROJ-1	荷木26 藜蒴12 樟树17 枫香19	随机混交	2011	74	2587
	PROJ-2	荷木31 藜蒴18 樟树25	随机混交	2011	74	1413
紫金县	PROJ-1	枫香16 荷木20 格木20 红锥18	随机混交	2011	74	1500
	PROJ-2	枫香20 荷木32 火力楠6 樟树16	随机混交	2011	74	811.5
	PROJ-3	枫香26 荷木23 格木25	随机混交	2011	74	688.5
东源县	PROJ-1	荷木22 枫香22 樟树15 红锥15	随机混交	2011	74	1862
	PROJ-2	山杜英40 荷木14 樟树10 火力楠10	随机混交	2011	74	138

注：树种组成及配置比例，如山杜英40 荷木14 樟树10 火力楠10，表示山杜英40 株，荷木14 株，樟树10 株，火力楠10 株。

第二节　基线碳储量变化计量

根据《碳汇造林项目技术规定（试行）》对项目造林地的合格性要求，在对基线碳储量变化进行计量时，保守地假定土壤有机碳、枯落物和枯死木三个碳库处于稳定或退化状态，其碳储量变化为零，只考虑项目造林地上现有散生木生长引起的地上生物量和地下生物量碳库中的碳储量变化，公式如下：

$$\Delta C_{BSL,t} = \sum_{i=1}^{I} (\Delta C_{BSL,AB,i,t} + \Delta C_{BSL,BB,i,t})$$

式中：$\Delta C_{BSL,t}$ ——第 t 年基线碳储量的变化量（吨 CO_2-e/年）；

　　　$\Delta C_{BSL,AB,i,t}$ ——第 t 年第 i 基线碳层地上生物量碳库中碳储量的变化量（吨 CO_2-e/年）；

　　　$\Delta C_{BSL,BB,i,t}$ ——第 t 年第 i 基线碳层地下生物量碳库中碳储量的变化量（吨 CO_2-e/年）；

　　　I——基线碳层总数；

　　　t——项目开始后的年数（年）；

　　　i——基线碳层（$i=1, 2, \cdots I$）。

一、散生木碳储量计量模型

1. 散生木树种蓄积量生长方程

马尾松、湿地松采用"CDM 广西珠江流域治理再造林项目"PDD（Project Design Document）中马尾松蓄积量生长方程：

$$V = e^{[5.878883974 - 11.2157319/(A-2)]}$$

式中：V——蓄积量（立方米/公顷）；

A——林龄（年）。

荷木采用"CDM 广西西北地区退化土地造林再造林项目"PDD（Project Design Document）中阔叶类蓄积量生长方程：

$$V = e^{[5.777897917 - 10.06877177/(A-1)]}$$

式中：V——蓄积量（立方米/公顷）；

$NT_{(A)}$——林龄为 A 年时每公顷林木株数（株/公顷）；

A——林龄（年）。

桉树采用"CDM 广西珠江流域治理再造林项目"PDD 中林分蓄积量生长方程：

$$V = 229.83364644(1 - e^{-0.15235802A})^{1.31560218}$$

式中：V——蓄积量（立方米/公顷）；

A——林龄（年）。

枫香采用"CDM 广西西北地区退化土地再造林项目"PDD 中提供的其他阔叶类蓄积量生长方程：

$$V = e^{[5.777897917 - 10.06877177/(A-1)]}$$

式中：V——蓄积量（立方米/公顷）；

A——林龄（年）。

2. 散生木树种木材密度/生物量扩展因子/根茎比等相关参数（详见表 6-3）

表 6-3 碳汇造林项目散生木相关参数

树种	木材密度/WD（吨/立方米）	生物量扩展因子/BEF	根茎比/R	碳含率/Rc
马尾松	0.380	1.540	0.200	0.5
荷木	0.598	1.79	0.200	0.5
桉树	0.578	1.48	0.201	0.578
枫香	0.443	1.79	0.200	0.47

3. 散生木树种碳储量计量模型

根据以下公式，可推导出马尾松、荷木、桉树、枫香等树种的碳储量计量模型。

$$CS = V \times WD \times BEF \times (1 + R) \times 0.5 \times 44/12$$

马尾松碳储量计量模型为：

$$CS = e^{[5.878883974 - 11.2157319/(A-2)]} \times WD \times BEF \times (1 + R) \times 0.5 \times 44/12$$

荷木碳储量计量模型为：

$$CS = e^{[5.777897917 - 10.06877177/(A-1)]} \times WD \times BEF \times (1 + R) \times 0.5 \times 44/12$$

桉树碳储量计量模型为：

$$CS = 229.83364644(1 - e^{-0.15235802A})^{1.31560218} \times WD \times BEF \times (1 + R) \times 0.578 \times 44/12$$

枫香碳储量计量模型为：

$$CS = e^{[5.777897917 - 10.06877177/(A-1)]} \times WD \times BEF \times (1 + R) \times R_c \times 44/12$$

式中，CS 表示各散生木树种林分碳储量（吨 $CO_2 - e$/公顷）。

二、散生木碳储量变化

根据上述公式并结合表6-3，计算得出各建设单位的散生木在整个项目期内碳储量累积情况（图6-1至6-4）。

项目期内（20年），五华县4000亩碳汇林散生木碳储量变化量为3093.19吨 $CO_2 - e$（表6-4），其中，马尾松为2888.02吨 $CO_2 - e$，湿地松为205.17吨 $CO_2 - e$。

兴宁市4000亩碳汇林散生木碳储量变化量为2876.33吨 $CO_2 - e$（表6-5），其中，马尾松为916.99吨 $CO_2 - e$，荷木为1959.34吨 $CO_2 - e$。

紫金县3000亩碳汇林散生木马尾松碳储量变化量为224.77吨 $CO_2 - e$（表6-6）。

东源县2000亩碳汇林散生木碳储量变化量为2030.63吨 $CO_2 - e$（表6-7），其中，马尾松为1424.40吨 $CO_2 - e$，桉树为565.07吨 $CO_2 - e$，枫香为41.16吨 $CO_2 - e$。

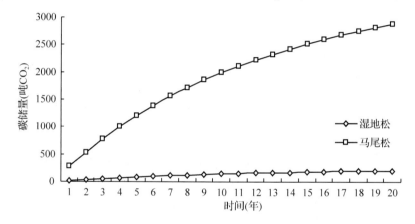

图6-1　五华县项目期内散生木树种碳储量累积情况

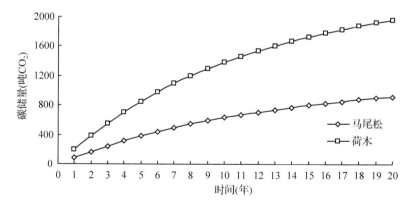

图6-2　兴宁市项目期内散生木树种碳储量累积情况

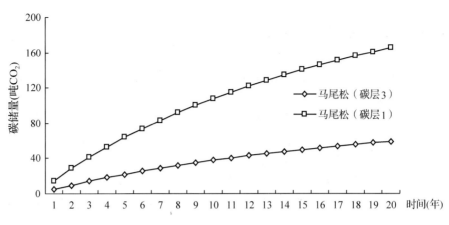

图 6-3　紫金县项目期内散生木树种碳储量累积情况

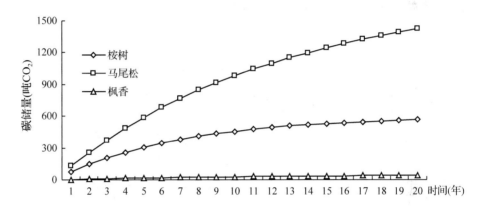

图 6-4　东源县项目期内散生木树种碳储量累积情况

表 6-4　五华县散生木碳储量变化

项目运行时间（年）	林分碳储量（吨 $CO_2 - e$）			林分碳储量变化量（吨 $CO_2 - e$/年）		
	地上	地下	合计	地上	地下	合计
1	245.65	49.13	294.78	245.65	49.13	294.78
2	478.08	95.62	573.70	232.43	46.49	278.92
3	693.94	138.79	832.73	215.86	43.17	259.04
4	892.55	178.51	1071.06	198.61	39.72	238.33
5	1074.50	214.90	1289.40	181.95	36.39	218.34
6	1240.96	248.19	1489.16	166.46	33.29	199.75
7	1393.29	278.66	1671.95	152.33	30.47	182.79
8	1532.87	306.57	1839.44	139.57	27.91	167.49
9	1660.99	332.20	1993.18	128.12	25.62	153.74
10	1778.84	355.77	2134.61	117.86	23.57	141.43

（续）

项目运行时间（年）	林分碳储量（吨 $CO_2 - e$）			林分碳储量变化量（吨 $CO_2 - e$/年）		
	地上	地下	合计	地上	地下	合计
11	1887.51	377.50	2265.01	108.67	21.73	130.40
12	1987.94	397.59	2385.52	100.43	20.09	120.51
13	2080.97	416.19	2497.16	93.03	18.61	111.64
14	2167.34	433.47	2600.81	86.38	17.28	103.65
15	2247.72	449.54	2697.26	80.38	16.08	96.45
16	2322.67	464.53	2787.21	74.96	14.99	89.95
17	2392.72	478.54	2871.26	70.05	14.01	84.05
18	2458.31	491.66	2949.97	65.59	13.12	78.70
19	2519.83	503.97	3023.80	61.53	12.31	73.83
20	2577.66	515.53	3093.19	57.82	11.56	69.39

表 6-5　兴宁市散生木碳储量变化

项目运行时间（年）	林分碳储量（吨 $CO_2 - e$）			林分碳储量变化量（吨 $CO_2 - e$/年）		
	地上	地下	合计	地上	地下	合计
1	235.30	47.06	282.36	235.30	47.06	282.36
2	458.59	91.72	550.31	223.29	44.66	267.95
3	665.25	133.05	798.30	206.66	41.33	247.99
4	854.24	170.85	1025.09	189.00	37.80	226.80
5	1026.21	205.24	1231.45	171.96	34.39	206.36
6	1182.44	236.49	1418.93	156.23	31.25	187.48
7	1324.45	264.89	1589.34	142.01	28.40	170.42
8	1453.76	290.75	1744.51	129.30	25.86	155.17
9	1571.76	314.35	1886.11	118.00	23.60	141.60
10	1679.72	335.94	2015.66	107.96	21.59	129.55
11	1778.76	355.75	2134.51	99.04	19.81	118.85
12	1869.88	373.98	2243.85	91.11	18.22	109.34
13	1953.92	390.78	2344.70	84.04	16.81	100.85
14	2031.65	406.33	2437.97	77.73	15.55	93.27
15	2103.71	420.74	2524.45	72.07	14.41	86.48
16	2170.69	434.14	2604.83	66.98	13.40	80.38
17	2233.09	446.62	2679.71	62.40	12.48	74.88
18	2291.35	458.27	2749.61	58.26	11.65	69.91
19	2345.85	469.17	2815.02	54.50	10.90	65.40
20	2396.94	479.39	2876.33	51.09	10.22	61.31

表6-6　紫金县散生木碳储量变化

项目运行时间（年）	林分碳储量（吨 CO_2-e）			林分碳储量变化量（吨 CO_2-e/年）		
	地上	地下	合计	地上	地下	合计
1	16.62	3.32	19.94	16.62	3.32	19.94
2	31.97	6.39	38.37	15.35	3.07	18.42
3	46.18	9.24	55.42	14.21	2.84	17.05
4	59.37	11.87	71.25	13.19	2.64	15.83
5	71.64	14.33	85.96	12.27	2.45	14.72
6	83.07	16.61	99.68	11.43	2.29	13.72
7	93.75	18.75	112.50	10.68	2.14	12.81
8	103.74	20.75	124.49	9.99	2.00	11.99
9	113.11	22.62	135.73	9.37	1.87	11.24
10	121.91	24.38	146.30	8.80	1.76	10.56
11	130.20	26.04	156.24	8.28	1.66	9.94
12	138.01	27.60	165.61	7.81	1.56	9.37
13	145.38	29.08	174.45	7.37	1.47	8.85
14	152.35	30.47	182.82	6.97	1.39	8.37
15	158.95	31.79	190.74	6.60	1.32	7.92
16	165.21	33.04	198.25	6.26	1.25	7.51
17	171.15	34.23	205.38	5.94	1.19	7.13
18	176.80	35.36	212.16	5.65	1.13	6.78
19	182.18	36.44	218.62	5.38	1.08	6.45
20	187.30	37.46	224.77	5.12	1.02	6.15

表6-7　东源县散生木碳储量变化

项目运行时间（年）	林分碳储量（吨 CO_2-e）			林分碳储量变化量（吨 CO_2-e/年）		
	地上	地下	合计	地上	地下	合计
1	173.38	34.68	208.06	173.38	34.68	208.06
2	338.04	67.61	405.65	164.66	32.93	197.59
3	490.42	98.08	588.51	152.38	30.48	182.86
4	629.47	125.89	755.36	139.05	27.81	166.85
5	755.40	151.08	906.48	125.94	25.19	151.13
6	869.06	173.81	1042.87	113.66	22.73	136.39
7	971.50	194.30	1165.80	102.44	20.49	122.93
8	1063.85	212.77	1276.62	92.35	18.47	110.82
9	1147.19	229.44	1376.63	83.34	16.67	100.01
10	1222.52	244.50	1467.03	75.33	15.07	90.40
11	1290.75	258.15	1548.90	68.23	13.65	81.88

(续)

项目运行时间 (年)	林分碳储量(吨CO$_2$-e)			林分碳储量变化量(吨CO$_2$-e/年)		
	地上	地下	合计	地上	地下	合计
12	1352.70	270.54	1623.24	61.94	12.39	74.33
13	1409.07	281.81	1690.89	56.38	11.28	67.65
14	1460.51	292.10	1752.61	51.44	10.29	61.72
15	1507.57	301.51	1809.08	47.06	9.41	56.47
16	1550.73	310.15	1860.87	43.16	8.63	51.79
17	1590.42	318.08	1908.50	39.69	7.94	47.63
18	1627.01	325.40	1952.41	36.60	7.32	43.91
19	1660.84	332.17	1993.01	33.83	6.77	40.59
20	1692.19	338.44	2030.63	31.35	6.27	37.62

第三节　项目碳储量变化计量

造林项目碳储量变化量等于各项目碳层生物量碳库中的碳储量变化量之和，减去项目引起的原有植被碳储量的降低量，即：

$$\Delta C_{PROJ,t} = \sum_{i=1}^{I} \sum_{j=1}^{J} \sum_{k=1}^{K} (\Delta C_{PROJ,AB,ijk,t} + \Delta C_{PROJ,BB,ijk,t}) - \sum_{l=1}^{L} (\Delta C_{LOSS,AB,l,t} + \Delta C_{LOSS,BB,l,t})$$

式中：$\Delta C_{PROJ,t}$——第 t 年项目碳储量的变化量(吨CO$_2$-e/年)；

$\Delta C_{PROJ,AB,ijk,t}$——第 t 年第 i 项目碳层 j 树种 k 年龄地上生物量碳库中的碳储量的变化量(吨CO$_2$-e/年)；

$\Delta C_{PROJ,BB,ijk,t}$——第 t 年第 i 项目碳层 j 树种 k 年龄地下生物量碳库中的碳储量的变化量(吨CO$_2$-e/年)；

$\Delta C_{LOSS,AB,l,t}$——第 t 年 l 基线碳层地上生物量碳库中的碳储量的降低量(吨CO$_2$-e/年)；

$\Delta C_{LOSS,BB,l,t}$——第 t 年 l 基线碳层地下生物量碳库中的碳储量的降低量(吨CO$_2$-e/年)；

t——项目开始后的年数(年)；

i——项目碳层($i=1, 2\cdots I$)；

j——树种($j=1, 2\cdots J$)；

k——年龄(年)；

l——基线碳层($l=1, 2\cdots L$)。

一、碳储量计量模型

四个建设单位造林树种有樟树、荷木、枫香、山杜英、台湾相思、火力楠、藜蒴、红锥、格木，共9种阔叶树种。各县树种组成见表6-1。

1. 各造林树种蓄积量生长方程选择

广东省目前没有省域范围内的乡土阔叶树种生长过程模型，相关树种不同林龄生长量基础数据源缺失，无法拟合各树种蓄积量生长方程，因此，通过查阅大量相关文献资料，结合广东现地的相关林木生长情况，以保守性原则为基础，最终选择广西东部(梧州市苍梧县)及东南部的阔叶林及火力楠生长过程模型作为项目的树种蓄积量计量依据，考虑到气候、海拔、土壤条件及计量的保守性原则，具体参考结果如下：

火力楠蓄积量生长方程采用梁有祥等(2011)在桂东南地区针对火力楠人工林生长规律的研究结果：

$$V = NT_{(A)} \times 0.721 e^{(-9.32e^{-0.074A})}$$

其他阔叶类蓄积量生长方程采用"CDM广西西北地区退化土地再造林项目"PDD中提供的相关方程：

$$V = e^{[5.777897917 - 10.06877177/(A-1)]}$$

式中：V——蓄积量(立方米/公顷)；

$NT_{(A)}$——林龄为A年时每公顷林木株数(株/公顷)；

A——林龄(年)。

2. 相关参数

各造林树种木材密度/生物量扩展因子/根茎比等相关参数见表6-8。

表6-8 长隆集团碳汇造林项目各树种相关参数

树种	木材密度/WD(吨/立方米)	生物量扩展因子/BEF	根茎比/R	碳含率/Rc
火力楠	0.477	1.42	0.2	0.47
樟树	0.460	1.42	0.2	0.47
荷木	0.598	1.79	0.2	0.47
山杜英	0.598	1.79	0.2	0.47
枫香	0.443	1.54	0.2	0.47
台湾相思	0.443	1.54	0.2	0.47
藜蒴	0.443	1.54	0.2	0.47
格木	0.598	1.79	0.2	0.47
红锥	0.598	1.79	0.2	0.47

3. 造林树种碳储量计量模型

根据以下公式，可推导出各树种碳储量计量模型。

$$CS = V \times WD \times BEF \times (1 + R) \times Rc \times 44/12$$

式中：CS——各造林树种林分碳储量(吨CO_2/公顷)；

WD——树种平均木材密度(吨 d.m./立方米)；

BEF——将树种的树干生物量转换到地上生物量的生物量扩展因子(无单位，该生物量扩展因子与材积有关)；

R——树种林分生物量根茎比(地下生物量与地上生物量之比，无单位)；

Rc——各树种碳含率(此处采用IPCC缺省值)。

二、林分碳储量变化

根据上述公式并结合各建设单位碳汇造林项目作业设计，计算得出各建设单位各造林树种的在整个项目期内碳储量变化情况（图6-5至图6-8）。

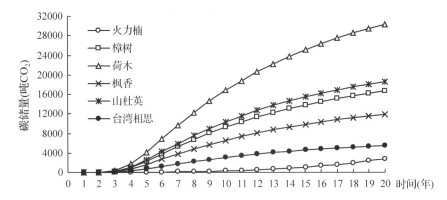

图6-5　五华县项目期内各树种碳储量累积变化

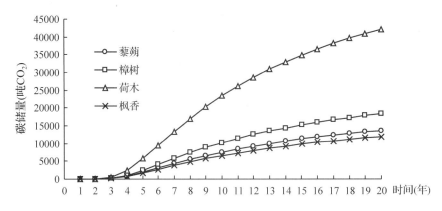

图6-6　兴宁市项目期内各树种碳储量累积变化

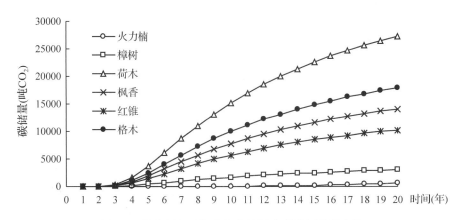

图6-7　紫金县项目期内各造林树种碳储量累积变化

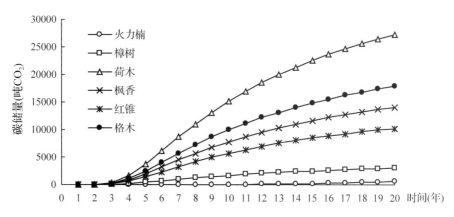

图 6-8　东源县项目期内各树种碳储量累积变化

项目计入期末(20 年),其中,五华县 4000 亩碳汇林可累积林分碳储量为 85829.19 吨 CO_2-e(表 6-9);兴宁市 4000 亩碳汇林可累积林分碳储量为 86010.19 吨 CO_2-e(表 6-10);紫金县 3000 亩碳汇林可累积林分碳储量为 73025.09 吨 CO_2-e(表 6-11);东源县 2000 亩碳汇林可累积林分碳储量为 45807.84 吨 CO_2-e(表 6-12)。

表 6-9　五华县林分生物量碳库中的碳储量变化

项目运行时间(年)	林分碳储量(吨 CO_2-e)			林分碳储量变化量(吨 CO_2-e/年)		
	地上	地下	合计	地上	地下	合计
1	3.35	0.67	4.02	3.35	0.67	4.02
2	11.19	2.24	13.43	7.84	1.57	9.41
3	776.58	155.32	931.89	765.39	153.08	918.47
4	4118.77	823.75	4942.53	3342.20	668.44	4010.63
5	9519.02	1903.80	11 422.83	5400.25	1080.05	6480.30
6	15 746.08	3149.22	18 895.29	6227.05	1245.41	7472.47
7	22 032.33	4406.47	26 438.80	6286.25	1257.25	7543.50
8	28 017.12	5603.42	33 620.55	5984.79	1196.96	7181.75
9	33 563.28	6712.66	40 275.94	5546.16	1109.23	6655.39
10	38 642.06	7728.41	46 370.48	5078.78	1015.76	6094.54
11	43 273.63	8654.73	51 928.36	4631.57	926.31	5557.88
12	47 497.86	9499.57	56 997.43	4224.23	844.85	5069.07
13	51 360.37	10 272.07	61 632.45	3862.51	772.50	4635.02
14	54 906.09	10981.22	65 887.30	3545.71	709.14	4254.86
15	58 176.39	11 635.28	69 811.66	3270.30	654.06	3924.36
16	61 208.09	12 241.62	73 449.71	3031.70	606.34	3638.04
17	64 033.25	12 806.65	76 839.90	2825.16	565.03	3390.19
18	66 679.38	13 335.88	80 015.26	2646.14	529.23	3175.36
19	69 169.86	13 833.97	83 003.83	2490.48	498.10	2988.57
20	71 524.33	14 304.87	85 829.19	2354.47	470.89	2825.36

表6-10　兴宁市林分生物量碳库中的碳储量变化

项目运行时间（年）	林分碳储量（吨 CO_2-e）			林分碳储量变化量（吨 CO_2-e/年）		
	地上	地下	合计	地上	地下	合计
1	0.00	0.00	0.00	0.00	0.00	0.00
2	5.16	1.03	6.19	5.16	1.03	6.19
3	792.70	158.54	951.24	787.54	157.51	945.05
4	4245.34	849.07	5094.40	3452.63	690.53	4143.16
5	9824.56	1964.91	11 789.47	5579.23	1115.85	6695.07
6	16 253.76	3250.75	19 504.52	6429.20	1285.84	7715.04
7	22 736.02	4547.20	27 283.22	6482.25	1296.45	7778.71
8	28 895.42	5779.08	34 674.50	6159.40	1231.88	7391.28
9	34 587.17	6917.43	41 504.60	5691.75	1138.35	6830.10
10	39 778.51	7955.70	47 734.21	5191.34	1038.27	6229.61
11	44 487.23	8897.45	53 384.67	4708.72	941.74	5650.46
12	48 751.53	9750.31	58 501.83	4264.30	852.86	5117.16
13	52 615.73	10 523.15	63 138.87	3864.20	772.84	4637.04
14	56 123.72	11 224.74	67 348.46	3507.99	701.60	4209.59
15	59 316.14	11 863.23	71 179.37	3192.42	638.48	3830.91
16	62 229.43	12 445.89	74 675.32	2913.29	582.66	3495.95
17	64 895.70	12 979.14	77 874.83	2666.26	533.25	3199.52
18	67 342.99	13 468.60	80 811.59	2447.30	489.46	2936.76
19	69 595.74	13 919.15	83 514.89	2252.75	450.55	2703.30
20	71 675.16	14 335.03	86 010.19	2079.42	415.88	2495.30

表6-11　紫金县林分生物量碳库中的碳储量变化

项目运行时间（年）	林分碳储量（吨 CO_2-e）			林分碳储量变化量（吨 CO_2-e/年）		
	地上	地下	合计	地上	地下	合计
1	0.71	0.14	0.86	0.71	0.14	0.86
2	5.67	1.13	6.81	4.96	0.99	5.95
3	669.94	133.99	803.93	664.27	132.85	797.12
4	3579.30	715.86	4295.16	2909.36	581.87	3491.23
5	8280.51	1656.10	9936.62	4701.22	940.24	5641.46
6	13 698.82	2739.76	16 438.58	5418.30	1083.66	6501.97
7	19 163.50	3832.70	22 996.21	5464.68	1092.94	6557.62
8	24 358.50	4871.70	29 230.20	5195.00	1039.00	6234.00
9	29 162.43	5832.49	34 994.92	4803.93	960.79	5764.71
10	33 548.33	6709.67	40 258.00	4385.90	877.18	5263.08
11	37 531.81	7506.36	45 038.17	3983.48	796.70	4780.18

（续）

项目运行时间(年)	林分碳储量(吨 CO_2-e)			林分碳储量变化量(吨 CO_2-e/年)		
	地上	地下	合计	地上	地下	合计
12	41 145.68	8229.14	49 374.81	3613.87	722.77	4336.64
13	44 427.87	8885.57	53 313.45	3282.19	656.44	3938.63
14	47 415.89	9483.18	56 899.06	2988.01	597.60	3585.62
15	50 144.41	10 028.88	60 173.29	2728.52	545.70	3274.22
16	52 644.46	10 528.89	63 173.35	2500.05	500.01	3000.06
17	54 943.31	10 988.66	65 931.98	2298.86	459.77	2758.63
18	57 064.69	11 412.94	68 477.63	2121.38	424.28	2545.65
19	59 029.10	11 805.82	70 834.92	1964.41	392.88	2357.30
20	60 854.24	12 170.85	73 025.09	1825.14	365.03	2190.17

表 6-12　东源县林分生物量碳库中的碳储量变化

项目运行时间(年)	林分碳储量(吨 CO_2-e)			林分碳储量变化量(吨 CO_2-e/年)		
	地上	地下	合计	地上	地下	合计
1	0.20	0.04	0.24	0.20	0.04	0.24
2	3.11	0.62	3.74	2.91	0.58	3.49
3	421.31	84.26	505.57	418.19	83.64	501.83
4	2253.89	450.78	2704.67	1832.58	366.52	2199.10
5	5215.19	1043.04	6258.23	2961.30	592.26	3553.56
6	8627.88	1725.58	10 353.45	3412.69	682.54	4095.23
7	12 069.20	2413.84	14 483.04	3441.32	688.26	4129.59
8	15 339.84	3067.97	18 407.80	3270.63	654.13	3924.76
9	18 363.10	3672.62	22 035.72	3023.26	604.65	3627.91
10	21 121.78	4224.36	25 346.14	2758.69	551.74	3310.43
11	23 625.51	4725.10	28 350.62	2503.73	500.75	3004.48
12	25 894.74	5178.95	31 073.68	2269.22	453.84	2723.07
13	27 953.15	5590.63	33 543.78	2058.41	411.68	2470.09
14	29 824.19	5964.84	35 789.02	1871.04	374.21	2245.24
15	31 529.55	6305.91	37 835.45	1705.36	341.07	2046.43
16	33 088.66	6617.73	39 706.39	1559.11	311.82	1870.94
17	34 518.63	6903.73	41 422.35	1429.97	285.99	1715.96
18	35 834.37	7166.87	43 001.24	1315.74	263.15	1578.89
19	37 048.82	7409.76	44 458.59	1214.45	242.89	1457.34
20	38 173.20	7634.64	45 807.84	1124.38	224.88	1349.25

三、原有植被生物量减少

长隆四县碳汇造林均属于植树造林类项目，为保守起见，为降低未来监测成本，假定原有林木和非林木植被在整地时全部消失。只需在项目开始前测定并计算原有植被碳储量即可。

$$\Delta C_{BSL} = \sum_{i=1}^{I} (C_{BSL,Tree,i,t=0} + C_{BSL,NTree,i,t=0}) \times 44/12$$

式中：ΔC_{BSL}——原有植被生物量碳库中的碳储量的减少（吨 CO_2-e）；

$C_{BSL,Tree,i,t=0}$——项目开始前（$t=0$）原有散生木生物量碳库中的碳储量（吨 C）；

$C_{BSL,NTree,i,t=0}$——项目开始前（$t=0$）原有非林木植被生物量碳库中的碳储量。（吨 C）；

i——基线碳层（$i=1$，2 … I）；

t——项目开始后的年数（年）。

项目原有植被包括散生木和非林木植被两部分。项目初期散生木通过样地法实测其胸径、树高，参考表6-8中相关参数并结合《广东省森林资源调查常用数表》中马尾松二元材积公式计算其碳储量减少量：

$$V = 7.98524 \times 10^{-5} D^{1.74220} H^{1.01198}$$

式中：V——林木材积（立方米/株）；

D——胸径（厘米）；

H——树高（米）。

荷木：《广东省森林资源调查常用数表》中硬阔类二元材积公式计算其碳储量减少量：

$$V = 6.74286 \times 10^{-5} D^{1.87657} H^{0.92888}$$

式中：V——林木材积（立方米/株）；

D——胸径（厘米）；

H——树高（米）。

桉树：$V = 8.71419 \times 10^{-5} D^{1.94801} H^{0.74929}$

硬阔类（荷木）：$V = 6.01228 \times 10^{-5} D^{1.87550} H^{0.98496}$

式中：V——林木材积（立方米/株）；

D——胸径（厘米）；

H——树高（米）。

非林木植被碳储量减少量采用广东省林业调查规划院提供的杂灌、草本生物量模型（详见本书第三章），结合《造林项目碳汇计量与监测指南》中的相关参数转换后得到。

从表6-13中可以看出，五华县项目原有植被生物量减少量为5587.36吨 CO_2-e；兴宁市项目原有植被生物量减少量为4736.63吨 CO_2-e；紫金县项目原有植被生物量减少量为7467.97吨 CO_2-e；东源县项目原有植被生物量减少量为4540.15吨 CO_2-e。

表 6-13　原有植被碳储量减少量(吨 $CO_2 - e$)

建设项目单位	基线碳层编号	非林木植被			散生木			合计		
		地上	地下	小计	地上	地下	小计	地上	地下	合计
五华县	BLS-1	—	—	—	120.25	24.05	144.3	120.25	24.05	144.3
	BLS-2	22.7	14.19	36.88	—	—	—	22.7	14.19	36.88
	BLS-3	2076.96	1298.1	3375.06	1692.60	338.52	2031.12	3769.56	1636.62	5406.18
	合计	2099.66	1312.29	3411.94	1812.85	362.57	2175.42	3912.51	1674.86	5587.36
兴宁市	BLS-1	1284.72	802.95	2087.67	—	—	—	1284.72	802.95	2087.67
	BLS-2	539.14	336.96	876.11	780.06	156.01	936.07	1319.20	492.98	1812.18
	BLS-3	118.07	73.80	191.87	537.43	107.49	644.91	655.50	181.28	836.78
	合计	1941.94	1213.71	3155.65	1317.48	263.50	1580.98	3259.42	1477.21	4736.63
紫金县	BLS-1	271.99	170.00	441.99	1915.51	383.10	2298.61	2187.50	553.10	2740.60
	BLS-2	1798.48	1124.05	2922.53	76.11	15.22	91.33	1874.59	1139.27	3013.86
	BLS-3	167.16	104.47	271.63	1201.56	240.31	1441.87	1368.72	344.79	1713.50
	合计	2237.63	1398.52	3636.16	3193.18	638.64	3831.81	5430.81	2037.16	7467.97
东源县	BLS-1	1488.19	930.12	2418.31	432.92	86.58	519.50	1921.11	1016.70	2937.81
	BLS-2	214.73	134.20	348.93	935.85	187.17	1123.02	1150.58	321.37	1471.95
	BLS-3	79.06	49.41	128.48	1.60	0.32	1.92	80.66	49.73	130.39
	合计	1781.98	1113.74	2895.72	1368.77	273.75	1644.44	3152.34	1387.81	4540.15

四、项目边界内的温室气体排放

长隆四县碳汇造林项目边界内温室气体排放的事前计量,主要计算施用含 N 肥料引起的 N_2O 排放和营造林过程中使用燃油机械引起的 CO_2 排放。公式如下:

$$GHG_{E,t} = E_{Equipment,t} + E_{N\_Fertilizer,t}$$

式中:　$GHG_{E,t}$——第 t 年项目边界内温室气体排放的增加量(吨 $CO_2 - e$/年);

$E_{Equipment,t}$——第 t 年项目边界内燃油机械使用化石燃料燃烧引起的温室气体排放的增加量(吨 $CO_2 - e$/年);

$E_{N\_Fertilizer,t}$——第 t 年项目边界内施用含氮肥料引起的 NO_2 排放的增加量(吨 $CO_2 - e$/年);

t——项目开始后的年数(年)。

项目造林时,涉及施肥,没有使用燃油机械,所以仅考虑使用肥料所引起的温室气体排放。造林当年施有机肥和复合肥,施肥量分别为 0.5 千克/株、0.1 千克/株,造林后连续追施复合肥 2 年,每次追肥量 0.15 千克/株,含氮率为 15%。依据下列公式计算因施肥引起的项目边界内温室气体排放。

$$E_{N\_Fertilizer,t} = [(F_{SN,t} + F_{ON,t}) \times EF_1] \times MW_{N_2O} \times GWP_{N_2O}$$

$$F_{SN,t} = \sum_i^l M_{SFi,t} \times NC_{SFi} \times (1 - Frac_{GASF})$$

$$F_{ON,t} = \sum_{j}^{J} M_{OFj,t} \times NC_{OFj} \times (1 - Frac_{GASM})$$

式中：$F_{SN,t}$——第 t 年施用的含氮化肥经 NH_3 和 NO_x 挥发后的量（吨 N/年）；

$F_{ON,t}$——第 t 年施用的有机肥经 NH_3 和 NO_x 挥发后的量（吨 N/年）；

EF_1——氮肥施用 NO_2 排放因子[IPCC 参考值 = 0.01，吨 $N_2O - N/$（吨 N）]；

MW_{N_2O}——N_2O 与 N 的分子量比（44/28）[吨 $- N_2O/$（吨 $- N$）]；

GWP_{N_2O}——N_2O 全球增温潜势[IPCC 参考值 = 310，吨 $CO_2 - e/$（吨 N_2O）]；

$M_{SFi,t}$——第 t 年施用第 i 类化肥的量（吨/年）；

$M_{OFj,t}$——第 t 年施用第 j 类有机肥的量（吨/年）；

NC_{SFi}——i 类化肥的含氮率[克 $- N/$（100 克化肥）]；

NC_{OFj}——j 类有机肥的含氮率[克 $- N/$（100 克有机肥）]；

$Frac_{GASF}$——施用化肥的 NH_3 和 NO_x 挥发比例[IPCC 参考值 = 0.1，吨 $NH_3 - N$ & $NO_x - N/$（吨 N）]；

$Frac_{GASM}$——施用有机肥的 NH_3 和 NO_x 挥发比例[IPCC 参考值 = 0.2，吨 $NH_3 - N$ & $NO_x - N/$（吨 N）]；

t——项目开始后的年数（年）；

i——化肥种类，$i = 1 \cdots I$；

j——有机肥种类，$j = 1 = 1 \cdots J$。

因为长隆集团碳汇造林项目要求种植当年和随后 2 年抚育。因此在项目边界内的温室气体排放中，考虑期限为 3 年。

项目边界内温室气体排放历年变化情况见表 6-14，其中，五华县项目边界内温室气体排放量累计为 115.36 吨 $CO_2 - e$；兴宁市项目边界内温室气体排放量累计为 115.36 吨 $CO_2 - e$；紫金县项目边界内温室气体排放量累计为 86.52 吨 $CO_2 - e$；东源县项目边界内温室气体排放量累计为 57.68 吨 $CO_2 - e$。

表 6-14　项目边界内的温室气体排放

建设项目单位	年份	施肥		燃油机械的使用		合计	
		年排放（吨 $CO_2 - e$/年）	累计排放（吨 $CO_2 - e$）	年排放（吨 $CO_2 - e$/年）	累计排放（吨 $CO_2 - e$）	年排放（吨 $CO_2 - e$/年）	累计排放（吨 $CO_2 - e$）
五华县	1	50.47	50.47			50.47	50.47
	2	32.44	82.91			32.44	82.91
	3	32.44	115.36			32.44	115.36
	合计	115.36				115.36	
兴宁市	1	50.47	50.47			50.47	50.47
	2	32.44	82.91			32.44	82.91
	3	32.44	115.36			32.44	115.36
	合计	115.36				115.36	

（续）

建设项目单位	年份	施肥		燃油机械的使用		合计	
		年排放（吨 CO_2 –e/年）	累计排放（吨 CO_2 –e）	年排放（吨 CO_2 –e/年）	累计排放（吨 CO_2 –e）	年排放（吨 CO_2 –e/年）	累计排放（吨 CO_2 –e）
紫金县	1	37.85	37.85			37.85	37.85
	2	24.33	62.18			24.33	62.18
	3	24.33	86.52			24.33	86.52
	合计	86.52				86.52	
东源县	1	25.23	25.23			25.23	25.23
	2	16.22	41.46			16.22	41.46
	3	16.22	57.68			16.22	57.68
	合计	57.68				57.68	

五、碳泄漏

碳泄露主要根据下式计算运输引起的 CO_2 排放：

$$LK_{Vehicle,t} = \sum_f (EF_{CO_2,f} \times NCV_f \times FC_{f,t})$$

其中，$FC_{f,t} = \sum_{v=1}^{V} \sum_{i=1}^{I} n \times (MT_{f,v,,i,t}/TL_{f,v,i}) \times AD_{f,v,i} \times SECk_{f,v}$

式中：$LK_{vehicle,t}$ ——第 t 年项目边界外运输引起的 CO_2 排放（吨 CO_2 –e/年）；

$EF_{CO_2,f}$ ——f 类燃油的 CO_2 排放因子（吨 CO_2 –e/10^9 焦耳）；

NCV_f ——f 类燃油的热值（10^9 焦耳/升）；

$FC_{f,t}$ ——第 t 年 f 类燃油消耗量（升）；

n ——车辆回程装载因子（满载时 $n=1$，空驶时 $n=2$）；

$MT_{f,v,,i,t}$ ——第 t 年 f 类燃油 v 类车辆运输 i 类物资的总量（立方米或吨）；

$TL_{f,v,i}$ ——f 类燃油 v 类车辆装载 i 类物资的装载量（立方米/辆或吨/辆）；

$AD_{f,v,i}$ ——f 类燃油 v 类车辆运输 i 类物资的单程运输距离（千米）；

$SECk_{f,v}$ ——f 类燃油 v 类车辆的单位耗油量（升/千米）；

v ——车辆种类；

i ——物资种类；

f ——燃油种类；

t ——项目开始后的年数（年）。

燃油的 CO_2 排放因子和燃油热值选择遵循参数可比性原则。根据相关文献（IPCC，2006）查阅，排放因子、净热值指标如下：

柴油的 CO_2 排放因子是：74100 千克/10^{12} 焦耳（柴油含碳量：20.2 千克/10^9 焦耳；氧化率：100%；碳到二氧化碳的转化系数：44/12）。柴油的热值是 8800 ×

4.18 千克/升。故柴油的排放系数为 2.73 千克 CO_2/升。

项目碳汇造林过程中引起的泄漏主要由苗木运输和肥料运输产生的温室气体排放。运输工具采用农用车，平均载重 2 吨/车，运输复合肥平均距离 50 千米；每车载苗 4000 株；运输苗木平均距离 50 千米；耗油量 0.2 升/千米。结合造林作业设计及上述公式与相关运输、柴油排放系数等信息可计算出项目碳汇造林过程中使用运输工具所引起的项目边界外温室气体泄漏。因为长隆集团碳汇造林项目要求种植当年和随后两年抚育。因此在项目边界外的温室气体泄露中，考虑期限为 3 年。

项目边界外温室气体泄漏历年变化情况见表6-15，其中，项目边界外温室气体泄漏，五华县累计为 17.93 吨 CO_2-e；兴宁市，累计为 17.93 吨 CO_2-e；紫金县累计为 9.41 吨 CO_2-e；东源县累计为 1.07 吨 CO_2-e。

表 6-15 项目边界外的温室气体泄漏

建设项目单位	年份	汽油		柴油		合计	
		年排放 （吨 CO_2-e/年）	累计排放 （吨 CO_2-e）	年排放 （吨 CO_2-e/年）	累计排放 （吨 CO_2-e）	年排放 （吨 CO_2-e/年）	累计排放 （吨 CO_2-e）
五华县	1			14.30	14.30	14.30	14.30
	2			1.81	16.11	1.81	16.11
	3			1.81	17.93	1.81	17.93
	合计			17.93		17.93	
兴宁市	1			14.30	14.30	14.30	14.30
	2			1.81	16.11	1.81	16.11
	3			1.81	17.93	1.81	17.93
	合计			17.93		17.93	
紫金县	1			7.51	7.51	7.51	7.51
	2			0.95	8.46	0.95	8.46
	3			0.95	9.41	0.95	9.41
	合计			9.41		9.41	
东源县	1			0.86	0.86	0.86	0.86
	2			0.11	0.97	0.11	0.97
	3			0.11	1.07	0.11	1.07
	合计			1.07		1.07	

六、项目净碳汇量估算

由于造林项目活动涉及基线、温室气体源排放和泄漏等问题，项目净碳汇量与项目碳储量变化量往往不会完全一致。因此项目实际产生的净碳汇量计算公式如下：

$$C_{\text{Proj},t} = \Delta C_{\text{Proj},t} - GHG_{E,t} - LK_t - \Delta C_{BSL,t}$$

式中：$C_{\text{Proj},t}$——第 t 年的项目净碳汇量（吨 CO_2-e/年）；

$\Delta C_{\text{Proj},t}$——第 t 年项目碳储量的变化量（吨 CO_2/年）；

$GHG_{E,t}$——第 t 年项目边界内增加的温室气体排放量（吨 CO_2-e/年）；

LK_t——第 t 年项目活动引起的泄漏（吨 CO_2-e/年）；

$\Delta C_{BSL,t}$——第 t 年基线碳储量变化量（吨 CO_2/年）；

t——项目开始后的年数（年）。

利用净碳汇量计算公式，通过上述各个参数的计算结果，项目年净碳汇量及累计净碳汇量年际变化情况见图 6-9 至图 6-12。其中五华县和兴宁市因项目建设面积相同，其年际变化情况图也近似。各建设单位项目 20 年内净碳汇量，五华县为 77015.36 吨 CO_2-e；兴宁市为 79844.93 t CO_2-e ；紫金县为 65236.43 吨 CO_2-e ；东源县为 39178.30 吨 CO_2-e 。各县项目净碳汇量年份累计情况详见表 6-16 至表 6-19。

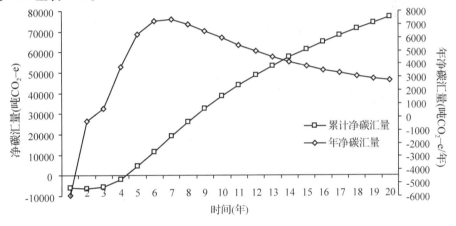

图 6-9　五华县碳汇造林项目净碳汇量年际变化

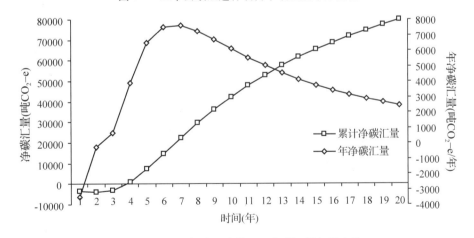

图 6-10　兴宁市碳汇造林项目净碳汇量年际变化

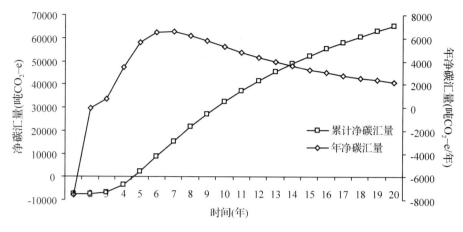

图 6-11 紫金县碳汇造林项目净碳汇量年际变化图

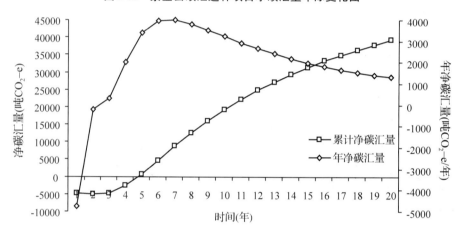

图 6-12 东源县碳汇造林项目净碳汇量年际变化图

表 6-16 五华县碳汇造林项目净碳汇量

年份	项目碳储量变化 A		项目温室气体排放 B		泄漏 C		基线碳储量变化 D		项目净碳汇量 E = A − B − C − D	
	年变化（吨 CO_2-e/年）	累计（吨 CO_2-e）	年排放（吨 CO_2-e/年）	累计（吨 CO_2-e）	年排放（吨 CO_2-e/年）	累计（吨 CO_2-e）	年变化（吨 CO_2-e/年）	累计（吨 CO_2-e）	年排放（吨 CO_2-e/年）	累计（吨 CO_2-e）
1	4.02	4.02	50.47	50.47	14.30	14.30	5882.14	5882.14	−5942.90	−5942.90
2	9.41	13.43	32.44	82.91	1.81	16.11	278.92	6161.06	−303.76	−6246.66
3	918.47	931.89	32.44	115.36	1.81	17.93	259.04	6420.10	625.17	−5621.49
4	4010.63	4942.53					238.33	6658.43	3772.30	−1849.18
5	6480.30	11 422.83					218.34	6876.77	6261.96	4412.78
6	7472.47	18 895.29					199.75	7076.52	7272.71	11 685.49
7	7543.50	26 438.80					182.79	7259.31	7360.71	19 046.20
8	7181.75	33 620.55					167.49	7426.80	7014.26	26 060.46
9	6655.39	40 275.94					153.74	7580.55	6501.64	32 562.11

（续）

年份	项目碳储量变化		项目温室气体排放		泄漏		基线碳储量变化		项目净碳汇量	
	A		B		C		D		$E = A - B - C - D$	
	年变化（吨CO_2-e/年）	累计（吨CO_2-e）	年排放（吨CO_2-e/年）	累计（吨CO_2-e）	年排放（吨CO_2-e/年）	累计（吨CO_2-e）	年变化（吨CO_2-e/年）	累计（吨CO_2-e）	年排放（吨CO_2-e/年）	累计（吨CO_2-e）
10	6094.54	46 370.48					141.43	7721.98	5953.11	38 515.22
11	5557.88	51 928.36					130.40	7852.38	5427.48	43 942.70
12	5069.07	56 997.43					120.51	7972.89	4948.56	48 891.26
13	4635.02	61 632.45					111.64	8084.52	4523.38	53 414.64
14	4254.86	65 887.30					103.65	8188.17	4151.21	57 565.85
15	3924.36	69 811.66					96.45	8284.62	3827.91	61 393.76
16	3638.04	73 449.71					89.95	8374.57	3548.09	64 941.85
17	3390.19	76 839.90					84.05	8458.63	3306.14	68 247.99
18	3175.36	80 015.26					78.70	8537.33	3096.66	71 344.65
19	2988.57	83 003.83					73.83	8611.16	2914.74	74 259.38
20	2825.36	85 829.19					69.39	8680.55	2755.97	77 015.36

表6-17　兴宁市碳汇造林项目净碳汇量

年份	项目碳储量变化		项目温室气体排放		泄漏		基线碳储量变化		项目净碳汇量	
	A		B		C		D		$E = A - B - C - D$	
	年变化（吨CO_2-e/年）	累计（吨CO_2-e）	年排放（吨CO_2-e/年）	累计（吨CO_2-e）	年排放（吨CO_2-e/年）	累计（吨CO_2-e）	年变化（吨CO_2-e/年）	累计（吨CO_2-e）	年排放（吨CO_2-e/年）	累计（吨CO_2-e）
1	0.00	0.00	50.47	50.47	14.30	14.30	3438.01	3438.01	-3502.78	-3502.78
2	6.19	6.19	32.44	82.91	1.81	16.11	267.95	3705.96	-296.01	-3798.79
3	945.05	951.24	32.44	115.36	1.81	17.93	247.99	3953.94	662.80	-3135.98
4	4143.16	5094.40					226.80	4180.74	3916.36	780.38
5	6695.07	11 789.47					206.36	4387.10	6488.72	7269.09
6	7715.04	19 504.52					187.48	4574.57	7527.56	14 796.66
7	7778.71	27 283.22					170.42	4744.99	7608.29	22 404.95
8	7391.28	34 674.50					155.17	4900.16	7236.12	29 641.06
9	6830.10	41 504.60					141.60	5041.76	6688.50	36 329.56
10	6229.61	47 734.21					129.55	5171.31	6100.06	42 429.62
11	5650.46	53 384.67					118.85	5290.16	5531.61	47 961.23
12	5117.16	58 501.83					109.34	5399.50	5007.82	52 969.05
13	4637.04	63 138.87					100.85	5500.35	4536.19	57 505.24
14	4209.59	67 348.46					93.27	5593.62	4116.32	61 621.56

（续）

年份	项目碳储量变化		项目温室气体排放		泄漏		基线碳储量变化		项目净碳汇量	
	A		B		C		D		$E = A - B - C - D$	
	年变化（吨 CO_2-e/年）	累计（吨 CO_2-e）	年排放（吨 CO_2-e/年）	累计（吨 CO_2-e）	年排放（吨 CO_2-e/年）	累计（吨 CO_2-e）	年变化（吨 CO_2-e/年）	累计（吨 CO_2-e）	年排放（吨 CO_2-e/年）	累计（吨 CO_2-e）
15	3830.91	71 179.37					86.48	5680.10	3744.43	65 365.99
16	3495.95	74 675.32					80.38	5760.48	3415.57	68 781.56
17	3199.52	77 874.83					74.88	5835.35	3124.64	71 906.20
18	2936.76	80 811.59					69.91	5905.26	2866.85	74 773.05
19	2703.30	83 514.89					65.40	5970.67	2637.89	77 410.94
20	2495.30	86 010.19					61.31	6031.98	2433.99	79 844.93

表 6-18　紫金县碳汇造林项目净碳汇量

年份	项目碳储量变化		项目温室气体排放		泄漏		基线碳储量变化		项目净碳汇量	
	A		B		C		D		$E = A - B - C - D$	
	年变化（吨 CO_2-e/年）	累计（吨 CO_2-e）	年排放（吨 CO_2-e/年）	累计（吨 CO_2-e）	年排放（吨 CO_2-e/年）	累计（吨 CO_2-e）	年变化（吨 CO_2-e/年）	累计（吨 CO_2-e）	年排放（吨 CO_2-e/年）	累计（吨 CO_2-e）
1	0.86	0.86	37.85	37.85	7.51	7.51	7487.91	7487.91	−7532.41	−7532.41
2	5.95	6.81	24.33	62.18	0.95	8.46	18.42	7506.33	−37.76	−7570.17
3	797.12	803.93	24.33	86.52	0.95	9.41	17.05	7523.39	754.78	−6815.39
4	3491.23	4295.16					15.83	7539.21	3475.40	−3339.98
5	5641.46	9936.62					14.72	7553.93	5626.74	2286.76
6	6501.97	16 438.58					13.72	7567.65	6488.25	8775.01
7	6557.62	22 996.21					12.81	7580.47	6544.81	15 319.81
8	6234.00	29 230.20					11.99	7592.46	6222.00	21 541.82
9	5764.71	34 994.92					11.24	7603.70	5753.47	27 295.29
10	5263.08	40 258.00					10.56	7614.27	5252.52	32 547.80
11	4780.18	45 038.17					9.94	7624.21	4770.23	37 318.04
12	4336.64	49 374.81					9.37	7633.58	4327.27	41 645.31
13	3938.63	53 313.45					8.85	7642.42	3929.79	45 575.10
14	3585.62	56 899.06					8.37	7650.79	3577.25	49 152.35
15	3274.22	60 173.29					7.92	7658.71	3266.30	52 418.65
16	3000.06	63 173.35					7.51	7666.22	2992.55	55 411.20
17	2758.63	65 931.98					7.13	7673.35	2751.49	58 162.70
18	2545.65	68 477.63					6.78	7680.13	2538.87	60 701.57
19	2357.30	70 834.92					6.45	7686.59	2350.84	63 052.41
20	2190.17	73 025.09					6.15	7692.73	2184.02	65 236.43

表 6-19 东源县碳汇造林项目净碳汇量

| 年份 | 项目碳储量变化 A | | 项目温室气体排放 B | | 泄漏 C | | 基线碳储量变化 D | | 项目净碳汇量 $E = A - B - C - D$ | |
	年变化（吨CO_2-e/年）	累计（吨CO_2-e）	年排放（吨CO_2-e/年）	累计（吨CO_2-e）	年排放（吨CO_2-e/年）	累计（吨CO_2-e）	年变化（吨CO_2-e/年）	累计（吨CO_2-e）	年排放（吨CO_2-e/年）	累计（吨CO_2-e）
1	0.24	0.24	25.23	25.23	0.86	0.86	4748.21	4748.21	-4774.06	-4774.06
2	3.49	3.74	16.22	41.46	0.11	0.97	197.59	4945.80	-210.43	-4984.49
3	501.83	505.57	16.22	57.68	0.11	1.07	182.86	5128.66	302.65	-4681.84
4	2199.10	2704.67					166.85	5295.51	2032.24	-2649.60
5	3553.56	6258.23					151.13	5446.64	3402.43	752.83
6	4095.23	10 353.45					136.39	5583.03	3958.84	4711.67
7	4129.59	14 483.04					122.93	5705.96	4006.66	8718.33
8	3924.76	18 407.80					110.82	5816.78	3813.94	12 532.27
9	3627.91	22 035.72					100.01	5916.78	3527.91	16 060.18
10	3310.43	25 346.14					90.40	6007.18	3220.03	19 280.21
11	3004.48	28 350.62					81.88	6089.06	2922.60	22 202.80
12	2723.07	31 073.68					74.33	6163.39	2648.73	24 851.54
13	2470.09	33 543.78					67.65	6231.04	2402.44	27 253.98
14	2245.24	35 789.02					61.72	6292.77	2183.52	29 437.50
15	2046.43	37 835.45					56.47	6349.23	1989.97	31 427.47
16	1870.94	39 706.39					51.79	6401.03	1819.14	33 246.61
17	1715.96	41 422.35					47.63	6448.65	1668.33	34 914.95
18	1578.89	43 001.24					43.91	6492.57	1534.97	36 449.92
19	1457.34	44 458.59					40.59	6533.16	1416.75	37 866.67
20	1349.25	45 807.84					37.62	6570.78	1311.63	39 178.30

参考文献

1. 广东省林业调查规划院. 中石油龙川碳汇造林作业设计及实施方案. 2007.

2. 国家林业局. 碳汇造林技术规定（试行）（办造字〔2010〕84 号）.

3. 广东省林业调查规划院. 广东省第六次森林资源连续清查技术成果报告，2008

4. 国家林业局. 造林项目碳汇计量与监测指南（办造字〔2010〕18 号）.

5. 广东省林业调查规划院. 广东省二元立木材积表. 2007.

6. 广东省林业调查规划院. 中国绿色碳汇基金会广东碳汇基金 2011 年五华县、兴宁市、紫金县、东源县碳汇造林项目作业设计. 2011.

7. 广西隆林各族自治区林业开发有限公司. CDM 广西西北地区退化土地再造林项目. 2010，9(15).

8. 梁有祥，秦武明，玉桂成，韦中绵，张丽琼. 桂东南地区火力楠人工林生长规律研究〔J〕. 西北林学院学报，2011，26(2)：150-154.

9. IPCC. 2006 年国家温室气体排放清单指南.

第七章
广东省森林碳汇工程项目碳汇计量监测

本章主要介绍了政府投资主导的营造碳汇林项目计量监测实践案例。首先系统阐述广东省森林碳汇工程产生的背景、建设目标、建设类型、工程量、关键技术措施等，介绍了项目碳汇计量和监测方法，最后以新兴县为本工程实施个案阐述碳汇计量过程和结果。

第一节 项目背景

广东省森林碳汇重点生态工程建设项目是在国内和广东省低碳发展、建设生态文明大背景下产生的。项目产生的背景共有以下六个方面：

一是积极应对气候变化的重要举措。在适应与减缓全球气候变暖中，森林具有十分重要和不可替代的作用。森林是陆地上最大的吸碳器。它通过光合作用，吸收 CO_2，放出 O_2，形成碳汇。科学研究表明：森林每生长 1 立方米蓄积量，平均能吸收 1.83 吨 CO_2，释放 1.62 吨 O_2，而破坏和减少森林就会增加碳排放，林地转化为农地 10 年后，土壤所含有机碳平均下降 30.3%（高德云，2011）。开展森林碳汇重点生态工程建设项目，提高森林覆盖率，增加森林碳汇，能够吸碳、固碳、维持大气碳平衡，有利于优化广东省的生态环境，是积极应对气候变化的重要举措。

二是确保到 2015 年森林资源"双增"目标实现的重要保障。改革开放三十多年来，广东林业取得了辉煌的成就。目前，广东省森林结构不合理、林地生产力不高、森林生物量较低、森林资源总量不足、质量不高等问题，与有效应对气候变化的任务仍有一定差距，这也预示了广东省森林在碳汇能力的发挥方面潜力巨大，同时也给加快植树造林和生态恢复步伐、增加森林资源数量和提高森林质量提出了新的挑战。开展森林碳汇重点生态工程建设项目，增加森林面积，提高森林质量，加快培育森林资源，才能确保到 2015 年广东省森林面积比 2009 年增加 900 万亩、林木蓄积量增加 1.32 亿立方米（广东省林业厅，2010）。

三是结构减排、助推转型升级的重要手段。据国务院印发的《"十二五"控制

温室气体排放工作方案》中，广东"十二五"碳强度要下降19.5%，单位生产总值能耗要下降18%。2011年广东省单位GDP能耗下降在3.5%左右，超额完成3.4%的年度目标，在节能指标比较先进的基础上，广东省节能空间已非常有限，要完成"十二五"单位生产总值的CO_2排放降低的目标任务面临巨大的压力和困难。国际社会已经有值得我们借鉴的做法，即允许利用森林碳汇来抵减部分碳排放，将森林间接减排与产业直接减排有机结合起来，为经济发展带来一个"缓冲期"，减少控制碳排放对经济发展的负面影响。开展森林碳汇重点生态工程建设，增加森林碳汇，用以冲抵减碳指标，对广东省结构减排、助推转型升级有非常重要的借鉴意义。

四是促进广东省区域经济协调发展的重要途径。森林碳汇交易是基于碳平衡的"碳源"和"碳汇"的市场交易。随着国际国内碳市场的兴起，森林碳汇的有偿使用使得森林生态资源实现生态效益和价值成为现实。广东省素有"七山一水二分田"的特征，山区面积大，是广东省发展碳汇林业的主战场，将这些生态资源优势转化为经济优势，合理利用森林碳汇抵减排放交易，发挥市场机制对生态资源供求的引导作用，既可以满足企业减排的需求，又有利于调动山区发展碳汇林业的积极性，对推进广东省区域经济协调发展产生积极作用。

五是开展国家低碳省试点的重要行动。广东省是国家确定的开展低碳试点的省区之一。发展低碳经济，一方面要建设低碳排放的产业，促进工业直接减排；另一方面要培育森林资源，促进森林间接减排。通过培育森林发展低碳经济，成本低、综合效益好，是真正在吸碳和减排。广东省森林资源在生物量的增长方面、在碳汇能力的发挥方面潜力巨大，有很大增长空间，能够为应对气候变化、节能减排、低碳发展发挥重要作用。在加快发展战略性新兴产业的同时，开展森林碳汇重点生态工程，增加森林碳汇，发展绿色经济，推进绿色增长，建设绿色广东，是广东省开展低碳省试点工作的重要内容、主要任务和重点行动。

六是促进广东现代林业跨越式发展的重要环节。2011年12月广东省政府提出广东林业生态建设要强力推进森林碳汇重点生态工程、生态景观林带、珠江三角洲地区森林进城及森林围城、三大工程建设，实现广东现代林业的跨越式发展，这三项工程是广东林业"点、线、面"全方位发展的集中反映。其中，森林碳汇重点生态工程作为"面"，重点抓好山地碳汇林建设，改善广大山区生态环境，是全省生态建设的根本，森林碳汇重点生态工程是三大重点工程不可或缺的一部分，是构建广东林业"点、线、面"多方位、跨越式发展的重要一环。

第二节 工程项目建设

广东森林碳汇重点生态工程是针对广东现有宜林荒山荒地、疏残林（残次林）、低效纯松林、低效桉树林，采用人工造林、套种补植、更新改造、封山育林等营造林工程措施，增加森林面积、改善森林结构，提高森林的碳密度、碳储量，达到增加碳汇、提升森林服务功能目的的一项重点生态工程。

一、建设类型

1. 人工造林

适用于现有的宜林荒山荒地,即相对集中连片、适宜造林的荒山、荒滩、荒地等及其他无立木林地。选用碳汇效果好的乡土阔叶树种,通过人工植苗方法进行造林,全面更替原有林地内的植被,以扩大森林面积,直接增加森林蓄积量和碳汇量。

2. 套种补植

适用于现有的疏残林(残次林),即生长量低、林分质量差、没有培养前途的"小老头"林,具体表现为林木矮小稀疏、生长缓慢、郁闭度低(0.1~0.3)、生态功能等级低的疏林及残次林分。选用碳汇效果好的乡土阔叶树种,通过在原有林分下进行人工套种、补植,增加目的树种密度,改善林分状况,从而提高森林碳密度,增加森林碳汇量。

3. 更新改造

适用于现有的低效纯松林和低效桉树林。在改造前需要先对现有低效林进行疏伐,然后选用碳汇效果好的乡土阔叶树种,通过人工植苗方法进行更新造林,替换原有林木,优化森林结构,提高森林质量与生物多样性,从而增加森林碳汇量。

4. 封山育林

适用于现有林地中天然阔叶幼树较多,具有天然下种或者萌蘖能力,有希望自然成林的宜林荒山荒地、疏残林(残次林)、低效纯松林。通过对这部分宜林荒山荒地、疏残林(残次林)、低效纯松林实施封禁,保护植物的自然繁殖生长,促使恢复形成森林植被,最终提高森林质量,从而增加森林的碳汇量。

二、建设目标

在 2012~2015 年,利用 4 年的时间,消灭全省尚存 501.73 万亩的宜林荒山荒地,并实施 980.00 万亩的疏残林(残次林)、低效纯松林和低效桉树林改造,选用生态、高效的碳汇树种,"造"、"改"、"封"结合,扩大森林面积,提高森林质量,全面提升森林生物量和储碳能力,达到保护生物多样性、增加森林碳汇、应对全球气候变化的目的,建成以珠江水系、沿海重要绿化带和北部连绵山体为主要框架的区域生态安全体系,满足广东经济社会可持续发展的需要。

工程建设总面积中,其中 400 万亩的人工造林按照可交易造林碳汇项目实施,100 万亩的套种补植、更新改造按照森林经营碳汇项目进行储备,剩余的建设任务为广东省实现"林业双增(增加森林面积、增加森林蓄积)目标"奠定基础。

三、项目布局及工程量

(一)项目建设布局

根据土地资源概况和林业生态建设情况、地理环境、气候条件、植被类型等对森林碳汇重点生态工程建设进行分区，制定出不同区域的建设方向、途径和重点，有力推进森林碳汇重点生态工程建设。

1. 分区原则

(1)区域社会经济条件、植被、气候等自然条件相似性原则；

(2)区域林业生态建设方向相似性原则；

(3)行政区域完整性原则。

2. 工程建设分区

根据分区原则，森林碳汇重点生态工程分为四个区域进行建设。

(1)珠江三角洲城市森林碳汇工程区。该区包括广州市、佛山市、肇庆市、珠海市、江门市、惠州市及在该区的省属林场。该区域属平原地带，地势平坦，地形以台地、平原为主，一般海拔在300米以下。区域内水系发达，河道多，有海洋性气候的特点，气候湿润、温暖。该区成土母岩多为花岗岩，局部为砂岩、页岩，土壤主要是红壤、赤红壤和冲积土，土层较厚、立地条件相对较好，且交通方便，有利于造林。

该区域林地面积比例不大，森林资源较少，相当部分林地呈零星分布。该区域社会经济发达，财力雄厚，有良好的林业生态建设愿望。通过多年来加大投入进行林业生态建设，现有林地的生态服务功能已得到了很大的提升，可用于进行森林碳汇重点生态工程建设的林地面积不多。

该区重点对现存的疏残林(残次林)、低效纯松林、低效桉树林进行改造，提升森林碳储汇功能，增加碳密度。该区建设面积126.48万亩，占工程建设总面积的8.5%，其中主要任务量在惠州市和肇庆市。

(2)粤北生态屏障林碳汇工程区。该区包括韶关市、清远市、河源市、梅州市及在该区省属林场。该区域属山区类型，林业用地面积占国土面积比例高，以中山、低山、高丘地形为主，地势起伏较大。该区属中亚热带季风气候。

该区森林资源较为丰富，地带性植被为亚热带常绿阔叶林，但原生植被破坏严重，林分以人工林和天然次生林为主，松树林受到松材线虫的威胁。该区交通较方便，投资环境不断得到改善，但由于基础薄弱，经济发展还比较滞后，林业生态建设投入有限，发展森林碳汇潜力较大。

该区重点完成宜林荒山荒地和疏残林(残次林)的改造升级及封育管护建设，稳步增加森林碳汇，构建高效能的北部山地生态屏障。规划完成建设面积958.87万亩，占工程建设总面积的64.7%。该区主要任务量分布在梅州市及河源市。

(3)粤东水源涵养及沿海防护林碳汇工程区。该区包括汕头市、汕尾市、潮州市和揭阳市。该区域属山区和半山区地带，地形以中山、低山、丘陵为主，地势一般由西北向东南倾斜。气候为南亚热带类型，平均气温在21.2~23.1℃。

该区除汕头外，其他三市均有丰富的森林资源，天然次生林较多，地带性植被是以壳斗科为主的亚热带常绿阔叶林。

该区重点完成汕尾市和揭阳市的现有无立木林地的人工造林，同时对疏残林（残次林）进行改造提升，增加森林碳汇，巩固森林水源涵养、防风减灾的生态功能。该区规划建设面积258.79万亩，占工程建设总面积的17.5%。

（4）粤西沿海防护林碳汇工程区。该区域包括阳江市、湛江市、云浮市和茂名市。该区域属山区和半山区类型，地形以低山、丘陵、台地为主，气候温和。该区茂名市、云浮市森林资源较为丰富，地带性植被为亚热带常绿阔叶林，现状植被以人工植被为主，林地绿化率高，但松树林较多。

该区主要对生态效益低、生态功能等级较差的林分进行改造提升，增加该区森林抗风减灾的防御功能，增加森林碳密度。规划完成建设面积137.59万亩，占工程建设总面积的9.3%。各分区建设面积见表7-1。

表7-1　广东省森林碳汇重点生态工程分区建设表　　　单位：万亩

分区	全省	合计	人工造林	套种补植	更新改造		封山育林
			宜林荒山	疏残林	低效纯松林	低效桉树林	部分宜林荒山、疏残林及纯松林
	合计	1481.73	401.93	326.79	227.24	22.55	503.22
珠三角城市森林碳汇工程区	小计	126.48	42.53	26.03	22.03	9.13	26.76
	广州市	10.0	3.00	0	2.44	0	4.56
	珠海市	5.02	2.99	0.10	0.74	0.69	0.50
	佛山市	3.00	0	0	1.80	0	1.20
	肇庆市	33.75	16.26	4.02	6.92	0.15	6.40
	惠州市	51.43	13.71	13.03	5.53	7.66	11.50
	江门市	16.49	6.57	5.29	1.55	0.48	2.60
	西江局	6.79	0	3.59	3.05	0.15	0
粤北生态屏障林碳汇工程区	小计	958.87	246.55	204.04	143.21	6.21	358.86
	韶关市	143.62	47.5	32.83	18.36	0.33	44.6
	河源市	364.95	83.67	67.54	62.09	2.59	149.06
	梅州市	338.9	86.87	70.13	43.11	3.29	135.5
	清远市	98.48	28.51	20.62	19.65	0	29.70
	其他省属林场	12.92	0	12.92	0	0	0
粤东水源涵养、沿海防护林碳汇工程区	小计	258.79	80.99	65.83	28.16	3.61	80.2
	汕头市	11.42	3.89	3.30	1.40	0.23	2.60
	汕尾市	121.54	49.51	18.34	13.64	2.35	37.70
	潮州市	46.03	6.52	21.25	2.96	0	15.30
	揭阳市	79.80	21.07	22.94	10.16	1.03	24.60

（续）

分区	全省	合计	人工造林		套种补植	更新改造		封山育林
			宜林荒山	疏残林	低效 纯松林	低效 桉树林		部分宜林荒 山、疏残林 及纯松林
	合计	1481.73	401.93	326.79	227.24	22.55		503.22
粤西沿海防 护林碳汇工 程区	小计	137.59	31.86	30.89	33.84	3.60		37.40
	阳江市	16.11	1.71	4.31	5.10	0.29		4.70
	湛江市	10.29	4.78	1.00	0.79	3.22		0.50
	茂名市	55.94	15.66	23.44	1.05	0.09		15.7
	云浮市	55.25	9.71	2.14	26.90	0		16.50

（二）工程量

广东省森林碳汇重点生态工程建设面积为 1481.73 万亩，其中宜林荒山荒地面积 501.73 万亩，占总面积的 33.9%；疏残林（残次林）面积 594.73 万亩，占40.1%；低效纯松林和低效桉树林面积 385.27 万亩，占 26.0%。其中，宜林荒山荒地面积在 10 万亩以上的县（市、区）有 15 个，详见表 7-2。

表 7-2　宜林荒山荒地面积 10 万亩以上建设单位统计表　　　　单位：万亩

建设单位	宜林荒山荒地面积	建设单位	宜林荒山荒地面积
龙川县	34.49	海丰县	14.69
陆丰市	32.82	陆河县	14.26
五华县	32.69	英德市	12.27
丰顺县	32.17	梅　县	11.59
紫金县	28.15	大埔县	11.10
和平县	19.44	惠东县	10.38
连平县	18.49	封开县	10.00
兴宁市	16.52		

按照建设任务划分，建设面积在 30 万 ~ 50 万亩的县级单位有大埔县、揭西县、海丰县、梅县和翁源县；建设面积在 50 万 ~ 80 万亩的县（市）有东源县、连平县、陆丰市、兴宁市、和平县；建设面积在 80 万亩以上的县级单位有龙川县、丰顺县、紫金县和五华县。建设任务 30 万亩以上的县级单位见表 7-3。

表 7-3 工程建设任务 30 万亩以上单位统计表　　　　单位：万亩

建设单位	建设任务	建设单位	建设任务
五华县	96.84	连平县	53.39
紫金县	91.33	东源县	50.33
丰顺县	87.95	翁源县	36.85
龙川县	80.35	梅　县	35.00
和平县	69.64	海丰县	30.01
兴宁市	66.48	大埔县	30.00
陆丰市	60.05	揭西县	30.00

按建设类型分，人工造林 401.93 万亩，占总面积的 27.1%；套种补植 326.79 万亩，占 22.0%；更新改造 249.79 万亩，占 16.9%；封山育林 503.22 万亩，占 34.0%。

按林地权属分，国有林地 128.02 万亩，占总面积的 8.6%；集体林地 948.31 万亩，占总面积的 64.0%；自留山与责任山 405.40 万亩，占总面积的 27.4%。各地级市中，河源市、梅州市的建设任务较大，分别占总建设任务的 24.6%、22.9%。详见表 7-4。

表 7-4　工程建设任务按林地权属统计表　　单位：万亩、%

建设类型	权属	面积	百分比
	合计	1481.73	100
全省	国有林地	128.02	8.6
	集体林地	948.31	64.0
	自留山与责任山	405.40	27.4
人工造林	小计	401.93	27.1
	国有林地	23.48	1.6
	集体林地	264.32	17.8
	自留山与责任山	114.13	7.7
套种补植	小计	326.80	22.0
	国有林地	45.01	3.0
	集体林地	200.19	13.5
	自留山与责任山	81.60	5.5
更新改造	小计	249.80	16.9
	国有林地	16.76	1.1
	集体林地	162.58	11.0
	自留山与责任山	70.46	4.8
封山育林	小计	503.20	34.0
	国有林地	42.77	2.9
	集体林地	321.22	21.7
	自留山与责任山	139.21	9.4

（三）工程进度

优先完成宜林荒山荒地的人工造林、封山育林，然后完成疏残林（残次林）的套种补植、封山育林及低效纯松林、低效桉树林的更新改造。按照年度任务划分，2012 年完成建设面积 371.04 万亩，占总任务量的 25.0%，其中完成人工造林 103.04 万亩，套种补植 82.43 万亩，更新改造 59.77 万亩，封山育林 125.80 万亩；2013 年完成 370.33 万亩，占 25.0%，其中完成人工造林 99.64 万亩，套种补植 81.47 万亩，更新改造 63.42 万亩，封山育林 125.80 万亩；2014 年完成 370.20 万亩，占 25.0%，其中完成人工造林 99.63 万亩，套种补植 81.47 万亩，更新改造 63.29 万亩, 封山育林 125.81 万亩; 2015 年完成 370.16 万亩, 占 25.0%, 其中完成人工造林 99.62 万亩, 套种补植 81.42 万亩, 更新改造 63.31 万亩, 封山育林 125.81 万亩。各地级市森林碳汇重点生态工程建设面积及年度计划安排见表 7-5。

表 7-5 广东省森林碳汇重点生态工程建设面积按地级市统计表

单位: 万亩

项目 单位	建设面积				
	合计	2012 年	2013 年	2014 年	2015 年
全省合计	1481.73	371.04	370.33	370.20	370.16
肇庆市	33.75	8.43	8.52	8.40	8.40
惠州市	51.43	13.16	12.77	12.75	12.75
江门市	16.49	2.80	4.56	4.56	4.57
广州市	10.00	2.50	2.50	2.50	2.50
佛山市	3.00	0.75	0.75	0.75	0.75
珠海市	5.02	1.25	1.26	1.26	1.25
汕头市	11.42	2.86	2.85	2.85	2.86
韶关市	143.62	35.90	35.90	35.91	35.91
河源市	364.95	91.23	91.25	91.24	91.23
梅州市	338.90	84.73	84.72	84.72	84.73
汕尾市	121.54	30.79	30.25	30.25	30.25
阳江市	16.11	4.86	3.75	3.75	3.75
湛江市	10.29	2.58	2.57	2.57	2.57
茂名市	55.94	14.01	13.97	13.98	13.98
清远市	98.48	24.62	24.62	24.62	24.62
潮州市	46.03	11.50	11.51	11.51	11.51
揭阳市	79.80	20.13	19.89	19.89	19.89
云浮市	55.25	13.97	13.76	13.76	13.76
省属林场	19.71	4.97	4.93	4.93	4.88

第三节 项目建设技术

森林碳汇重点生态工程主要是通过造林和营林措施, 对宜林荒山荒地和疏残林(残次林)、低效纯松林、低效桉树林等碳密度较低的林分进行建设, 改善森林结构, 增加林地碳密度, 从而增加森林碳汇、提升森林生态服务功能。与一般造林相比, 在造林地选择、造林树种选择营造林措施以及造林主伐时间等方面存在不同。

一、造林地选择

森林碳汇重点生态工程项目在最大限度地获得碳汇的同时，应注重当地生物多样性保护、生态保护和促进经济社会发展。造林地的选择不分生态公益林和商品林，重点考虑生态区位重要和生态环境脆弱地区。在建设顺序上，按县城周边、重要通道两侧、大江大河两侧、镇村周边顺序考虑；同时还要先易后难，先选择容易操作的造林地，后选择造林地偏远、造林难度大的造林地；先选择生态公益林地，后选择商品林地。

二、造林树种选择

森林碳汇重点生态工程造林树种优先选择固定 CO_2 能力强的树种，选择稳定性好、抗逆性强、生态景观效益好的优良乡土树种、经济树种和珍贵树种。乡土阔叶树种主要有荷木、红荷、红苞木、藜蒴、中华锥、阿丁枫、黄桐、亮叶猴耳环、华润楠、山杜英、火力楠、枫香、阴香、南酸枣、山乌桕、海南红豆、海南蒲桃、假苹婆、翻白叶树、秋枫、铁冬青、鸭脚木、罗浮栲、大头茶、灰木莲、乐昌含笑、深山含笑、任豆、乌桕、化香、菜豆树、香椿、苦楝、红椿、光皮树、银合欢、木莲、米老排、台湾相思、高山榕、红鳞蒲桃、石栗、岭南山竹子、麻楝、蝴蝶树等；经济树种有杨梅、油茶、橄榄、板栗、荔枝、龙眼、红花油茶、柿树、茶叶、油桐、泡桐、山苍子、肉桂、千年桐等；珍贵树种有樟树、黄樟、楠木、红锥、米锥、格木、铁刀木、青皮、西南桦、土沉香、桃花心木、降香黄檀、铁力木、檫木、花榈木、乳源木莲、金叶含笑、观光木、海南木莲、柚木、紫檀等。

森林碳汇造林树种以选择乡土阔叶树种为主，适当考虑选择经济树种，鼓励发展珍贵树种，使各树种配置达到效益最大化。同时提倡多树种造林和营造混交林，防止树种单一化。

三、造林技术措施

（一）林地清理

为减少水土流失和碳泄漏，森林碳汇重点生态工程不允许炼山和全垦整地，尽量减少因林地清理带来的碳泄漏。低效纯松林和低效桉树林采用疏伐的方式清除部分老弱的非目的树种林木，为目的树种营造更好的生长空间。宜林荒山和疏残林（残次林）采用块状割杂的方式清理林地，清理的杂草块状堆沤，以增加土壤腐殖质，提高土壤肥力。加强对造林地原生散生树木和灌木的保护保留，打穴的位置刚好有乔木和灌木时，应将穴位置前移或后移。在山脚、山顶应保留一定的原生植被保护带。

（二）整地

整地采用穴状整地。森林碳汇重点生态工程要求植穴大小要满足苗木生长，以提高苗木成活率，确保造林成效。人工造林植穴规格不小于40厘米×40厘米×30厘米，套种补植和更新改造植穴规格不小于50厘米×50厘米×40厘米。植穴整地应采用明穴方式，并且宜于造林前一年冬季完成，让穴土有一段风化、熟化时间，有利于清除土壤中的病虫害和提高土壤肥力。

（三）栽植密度

根据培育目标、立地条件、树种选择科学确定造林密度，森林碳汇重点生态工程中的人工造林密度要求89株/亩以上，套种补植和更新改造密度要求54株/亩以上。对于立地条件较好、原有林地上无立木或立木较少的造林地，可根据实际情况适当增加造林密度。

（四）苗木要求

人工造林苗木选用一年生以上顶芽饱满、生长健壮、无病虫害的一级营养袋苗，要求苗高50厘米以上、地径0.5厘米以上；套种补植和更新改造因造林地中已有林木，要求选用2年生以上、苗高120厘米以上、地径1.0厘米以上的一级营养袋苗，确保林地按照预期目标发展。所选苗木必须严格执行"三证一签"制度，即苗木应具有生产经营许可证、植物检疫证书、质量检查合格证和种源地标签，禁止使用无证、来源不清、带病虫害的不合格苗上山造林。要根据造林地块离苗圃场的远近选择最近的苗圃场供苗，缩短运距，降低成本，并且减少碳泄漏。

（五）基肥

造林必须施放基肥，为减少造林过程中温室气体的排放，尽量施用有机肥。施放基肥数量可根据造林地的立地条件作适当调整。施肥时应注意与穴土充分混匀后放入穴内，防止肥料受雨水冲刷流失，造成碳泄漏和水体污染。对肥料种类、施肥数量、次数等具体情况进行记录，并归档保存，以利于碳汇计量。

（六）栽植

栽植时间应掌握在早春一、二场透雨后的阴雨天栽植。栽植时，非溶性营养袋苗必须除袋后带土栽植。苗要扶正、根系要舒展，适当深栽，回土要细，回土后轻轻提苗，然后适当压实，最后用松土回成馒头状。苗木栽植要求当天起苗、当天栽植，确保碳汇造林项目质量。

（七）抚育管理

抚育是提高造林成效的关键，项目三年进行三次抚育。种植后当年7~8月份进行第一次抚育，种植后第二年、第三年5~6月份进行第二、第三次抚育。

抚育工作内容主要是松土、除草、培土、追肥和兼顾补植。追肥采用林业有机肥。要落实森林防火和病虫害防治措施，维持林分的健康状况和稳定性，减少碳排放。对森林碳汇重点生态工程造林活动中或成林后发生的病虫害，宜采用生物防治为主的综合防治措施。

四、碳汇造林主伐时间

根据碳汇林的特点，森林碳汇重点生态工程项目要求保持碳汇林较长时间的持续固碳能力，一般要求生态公益林 30 年内禁止主伐、商品林 20 年内禁止主伐，对在上述规定年限内进行主伐的，在实施方案、作业设计中应包括碳平衡的采伐更新方案，及时进行伐后更新，将碳排放控制在最低限度。

第四节 项目碳汇计量监测

一、计量监测目的

建立森林碳汇重点生态工程碳汇计量与监测体系，对工程造林及林分生长过程实施监测和碳汇年度计量，摸清不同树种、不同营林措施、不同造林配置下的碳汇规律，科学评价工程建设的碳汇贡献。

二、监测体系与内容

1. 监测体系

在粤东、粤北、粤西和珠江三角洲地区选择典型的区位，采用统一的技术方法和要求，按照不同建设对象类型、造林树种、植被现状等因子分层布设样地，在各分区建立若干有代表性的碳汇监测点，构建广东省森林碳汇重点生态工程的碳汇计量与监测体系。

2. 监测内容

森林碳库包括地上生物量碳库、枯死木与枯落物碳库、地下生物量碳库和土壤有机碳库共 5 个碳库，广东森林碳汇重点对地上生物量碳库、枯死木与枯落物碳库、地下生物量碳库 4 个碳库进行计量与监测，构建森林碳汇计量模型，以分析工程实施的森林增汇的作用。

3. 监测频率

项目的计入期为 20 年。项目在造林前进行基线调查，对当年造林地进行碳汇计量，以后每 5 年监测一次，即造林后第 5、10、15、20 年各一次，共监测 4 次，监测对象包括林分、灌木和草本生物量。

三、碳汇计量监测技术路线

工程项目实际产生的净碳汇量以项目碳储量的变化量减去项目区内增加的温室气体排放量、项目活动引起的泄漏和基线碳储量变化量来计算。因此通过基于森林小班的部分调查数据，逐步建立适合广东地区应用的森林碳汇计量和监测的方法体系，包括碳库的选择确定方法、温室气体排放源的标准、基线碳储量变化的确定、林分和灌木林及林下植被生物量的统计方法、样地内碳泄漏与净碳汇量的确定、抽样设计、样地设计、监测频率以及碳储量变化的监测与质量控制等。

四、碳汇造林信息管理系统建立

以"3S"信息技术为手段，建立碳汇造林信息管理系统。将规划造林作业小班及已完成造林的作业小班的造林情况包括造林初始现状、面积、树种、成活率、碳汇数量等各项信息输入信息管理系统；对每一个造林作业小班地块进行GPS定位，将造林地点典型立地状况拍摄照片或录像加以记录，在项目造林过程中、一年后检查、三年后验收的造林成效进行拍摄照片或录像，以便和项目实施后进行对照。通过对碳汇造林的"前"、"中"、"后"过程的信息系统管理，实现对森林碳汇重点生态工程的全方位跟踪监督。

第五节　造林项目碳汇计量案例

根据广东省森林碳汇重点生态工程规划的年度目标任务分解，广东省云浮市2012年新兴县森林碳汇重点生态工程造林任务5000亩，其中可交易碳汇造林项目1500亩，一般造林项目3500亩。根据第六章的企业碳汇造林项目的碳汇计量方法，本节主要以可交易碳汇造林项目进行碳汇计量。

一、项目的基本情况

2012年新兴县可交易碳汇造林项目建设面积1500亩，分布在河头镇，共5个作业小班；各作业小班造林地均为宜林荒山荒地，建设类型为人工造林。土地权属清晰，林地有少量散生木，树种以马尾松、湿地松为主，林地植被主要为灌木和草本，灌木种类主要有桃金娘、岗松等，草本种类主要为芒萁和杂草，海拔80~280米，坡度30度以下，成土母岩以花岗岩为主，土层较厚，土层厚度大于80厘米，土壤腐殖质含量中等，质地为轻壤土，主要为赤红壤，立地条件比较适宜林木生长。项目事前基线分层如下表。

表 7-6　2012 年新兴县碳汇造林项目事前基线分层表

事前基线碳层编号	面积（亩）	散生木			灌木		草本	
		优势树树	平均年龄	每顷株数	平均盖度（%）	平均高度（厘米）	平均盖度（%）	平均高度（厘米）
BSL–1	198	—	—	—	46	50	20	110
BSL–2	857.5	湿地松	15	115	35	50	20	100
BSL–3	444.5	马尾松	15	20	50	50	20	100

　　造林树种为枫香、荷木、樟树、山杜英四个乡土阔叶树种，因树种及配置比例相同，事前项目只分一层。见表 7-7。

表 7-7　2012 年新兴县碳汇造林项目事前项目分层表

事前项目碳层编号	造林树种及配置比例	混交方式	造林时间	初植密度（株/亩）	面积（亩）
PROJ–1	枫香22 荷木22 樟树22 山杜英23	随机混交	2012 年	89	1500

二、项目净碳汇量的估算

　　根据第六章项目净碳汇量的计算方法，项目实际产生的净碳汇量计算公式如下：

$$C_{Proj,t} = \Delta C_{Proj,t} - GHG_{E,t} - LK_t - \Delta C_{BSL,t}$$

　　式中：$C_{Proj,t}$——第 t 年的项目净碳汇量（吨 CO_2-e/年）；

$\Delta C_{Proj,t}$——第 t 年项目碳储量的变化量（吨 CO_2/年）；

$GHG_{E,t}$——第 t 年项目边界内增加的温室气体排放量（吨 CO_2-e/年）；

LK_t——第 t 年项目活动引起的泄漏（吨 CO_2-e/年）；

$\Delta C_{BSL,t}$——第 t 年基线碳储量变化量（吨 CO_2/年）；

t——项目开始后的年数（年）。

　　项目碳储量的变化量等于各项目碳层生物量碳库中的碳储量变化量之和，减去项目引起的原有植被碳储量的降低量。本项目原来植被情况见表 7-6，造林树种、配置方式、初植密度见表 7-7，参照第六章各造林树种的相关参数、碳储量计量模型及其计算方法，新兴县 2012 年碳汇造林项目碳储量变化量累积值为 34 268.33 吨 CO_2-e。

　　造林过程中项目边界内温室气体的排放量，是指施用含 N 肥料引起的 N_2O 排放和营造林过程中使用燃油机械引起的 CO_2 排放。项目造林中，因没有使用燃油机械，仅需考虑施肥引起的温室气体排放。造林过程中均使用复合肥，当年施基肥 0.2 千克/株，追肥 0.1 千克/株，第二、三年抚育时追施肥 0.1 千克/株，肥料含氮率为 15%。参照第六章的相关计算公式，新兴县 2012 年碳汇造林项目边界内温室气体的排放量累计为 37.07 吨 CO_2-e。

　　项目活动引起的碳泄漏是指苗木运输和肥料运输产生的温室气体排放。本项

目运输机械的燃油 CO_2 排放因子、燃油热值、运输距离及载重量和耗油量均参照第六章，经计算，新兴县 2012 年碳汇造林的碳泄漏累计值为 5.88 吨 $CO_2 - e$。

基线碳储量变化量是指项目造林地上现有散生木生长引起的地上生物量和地下生物量碳库中的碳储量变化，本项目散生木基本情况见表 7-6，参照第六章的计算过程，新兴县基线碳储量变化量累计值为 1939.47 吨 $CO_2 - e$。

根据净碳汇量的计算公式，在求算出各个分量值后，得出广东省森林碳汇重点生态工程 2012 年新兴县碳汇造林项目 20 年内净碳汇量为 32285.92 吨 $CO_2 - e$，平均每亩为 21.52 吨 $CO_2 - e$，见表 7-8。

表 7-8　2012 年新兴县碳汇造林项目净碳汇量

年份	项目碳储量变化 A		项目温室气体排放 B		泄漏 C		基线碳储量变化 D		项目净碳汇量 $E = A - B - C - D$	
	年变化（吨 CO_2-e/年）	累计（吨 CO_2-e）	年排放（吨 CO_2-e/年）	累计（吨 CO_2-e）	年排放（吨 CO_2-e/年）	累计（吨 CO_2-e）	年变化（吨 CO_2-e/年）	累计（吨 CO_2-e）	年排放（吨 CO_2-e/年）	累计（吨 CO_2-e）
2012	0.00	0.00	17.56	17.56	4.78	4.78	1289.70	1289.70	-1312.05	-1312.05
2013	2.47	2.47	9.76	27.31	0.55	5.33	60.82	1350.53	-68.66	-1380.70
2014	376.53	379.00	9.76	37.07	0.55	5.88	55.95	1406.48	310.27	-1070.43
2015	1650.73	2029.72					51.59	1458.07	1599.14	528.71
2016	2667.46	4697.18					47.68	1505.74	2619.79	3148.49
2017	3073.84	7771.02					44.16	1549.91	3029.68	6178.17
2018	3099.21	10 870.23					41.01	1590.91	3058.20	9236.37
2019	2944.85	13 815.08					38.16	1629.07	2906.69	12 143.06
2020	2721.26	16 536.34					35.58	1664.66	2685.67	14 828.73
2021	2482.01	19 018.35					33.25	1697.91	2448.76	17 277.50
2022	2251.27	21 269.62					31.14	1729.05	2220.13	19 497.63
2023	2038.79	23 308.40					29.21	1758.25	2009.58	21 507.20
2024	1847.50	25 155.90					27.45	1785.71	1820.05	23 327.25
2025	1677.19	26 833.09					25.84	1811.55	1651.35	24 978.60
2026	1526.32	28 359.41					24.37	1835.92	1501.95	26 480.54
2027	1392.86	29 752.27					23.02	1858.94	1369.84	27 850.39
2028	1274.76	31 027.03					21.77	1880.71	1252.99	29 103.37
2029	1170.07	32 197.10					20.62	1901.33	1149.45	30 252.82
2030	1077.05	33 274.15					19.56	1920.89	1057.49	31 310.31
2031	994.18	34 268.33					18.58	1939.47	975.61	32 285.92

参考文献

1. 高德云，赵琼仙. 改善自然环境 践行低碳生活[J]. 中国林业，2011，17(9)：29.

2. 胡锦涛. 关于携手应对气候变化挑战的重要讲话. 联合国气候变化峰会，2009，9.

3. 广东省林业厅. 广东林业应对气候变化行动计划[R]. 2010.

4. 武曙红. CDM 林业碳汇市场前景及碳信用的交易策略[J]. 林业科学，2010，46(11)：152 – 157.

5. 广东省绿化委员会，广东省林业厅. 广东省森林碳汇重点生态工程建设规划(2012 – 2015 年)[R]. 2012

第八章

广东省林业碳汇潜力分析

第一节　广东省碳排放现状

　　由于没有全省范围的碳排放直接监测数据，广东碳排放现状主要通过统计年鉴数据进行间接估算。现阶段碳排放来源主要是能源的使用，本章节主要通过广东省能源消耗的统计数据进行碳排放量的推算。

一、广东省能源碳排放

　　根据广东省统计局发布的能源消耗数据，得出全省 2000 年至 2010 年能源消耗原煤、原油、电力、天然气四种能源占能源消费总量的比重表（表 8-1）。

表 8-1　广东省能源消费总量及构成

年份	一次能源消费量（万吨标准煤）	构成（%）			
		原煤	原油	电力	天然气
2000	7983.46	52.2	35.0	12.6	0.2
2001	8169.60	52.5	34.0	13.5	
2002	9036.40	51.9	31.0	17.1	
2003	10462.09	53.5	28.6	17.7	0.2
2004	12013.14	51.4	28.4	20.0	0.2
2005	13086.58	52.8	26.1	20.8	0.3
2006	15281.00	50.4	26.2	22.1	1.3
2007	17344.10	52.0	24.2	20.3	3.5
2008	17679.13	50.8	24.6	20.5	4.1
2009	19666.18	45.4	26.9	20.1	7.6
2010	21880.05	48.1	29.1	19.1	3.7

数据来源：《广东统计年鉴 2011》。

IPCC 公布的各种能源的碳排放系数单位是热量,因此先将能源消费量的标准煤转换为热值,然后再将热值换算碳排放量。根据表 8-1 中 3 种能源消耗量所占比重得出万吨标准煤量,乘以 29.271×10^7 焦耳/千克(每千克标准煤含热值),分别得到消耗的 3 种能源的热值(表 8-2),然后再分别将消耗的各种能源的热值乘以其对应的碳排放系数(表 8-3),就得到广东省能源消费碳排放量(表 8-4)。

表 8-2　广东省能源消费量　　　　　单位:10^7兆焦

年份	原煤	原油	天然气
2000	121 983.0	81 789.4	467.37
2001	125 544.5	81 305.0	
2002	137 277.8	81 996.4	
2003	163 836.2	87 583.5	612.47
2004	180 741.2	99 864.8	703.27
2005	202 254.2	99 977.9	1149.17
2006	225 434.2	117 190.0	5814.78
2007	263 993.2	122 858.4	17 768.77
2008	262 882.8	127 301.5	21 216.92
2009	261 344.5	154 849.5	43 749.31
2010	308 056.9	186 371.2	23 696.68

表 8-3　IPCC 2006 年 C 排放系数　　　单位:千克 C/10^9 焦耳

煤炭	原油	天然气
25.8	20.0	15.3

表 8-4　广东省能源消费碳排量　　　　　单位:万吨

年份	原煤	原油	天然气	碳排放总量
2000	3147.16	2110.17	12.06	5269.39
2001	3239.05	2097.67		5336.72
2002	3541.77	2115.51		5657.28
2003	4226.97	2259.65	15.80	6502.42
2004	4663.12	2576.51	18.14	7257.77
2005	5218.16	2579.43	29.65	7827.24
2006	5816.20	3023.50	150.02	8989.72
2007	6811.02	3169.75	458.43	10 439.2
2008	6782.38	3284.38	547.40	10 614.16
2009	6742.69	3995.12	1128.73	11 866.54
2010	7947.87	4808.38	611.37	13 367.62

从表 8-4 可以看出,从 2000 年到 2010 年,广东省能源消耗的碳排放总量和原煤及原油的碳排放量呈明显上升趋势,而天然气的排放量上升较平缓,甚至在

2010 年出现下降趋势。从碳排放源构成来看，原煤的碳排放量最高，原油次之，天然气最少，这与近年来广东省能源消耗主要是以煤炭为主关系密切。随着汽车保有量的不断增大，对原油的消费量持续增大，导致原油消耗的碳排量也逐年上升。

二、广东省人均碳排放与碳强度

能源消耗的碳排放与经济社会发展关系密切，通过收集广东省近年人口和 GDP 数据，整理计算出人均 GDP、人均碳排放量及碳排放强度等数据，用于观察经济发展与能源消耗碳排放的关系（表 8-5），此处碳排放强度指万元 GDP 的碳排放量。

表 8-5 广东省近年人口、GDP、碳排量、人均碳排放量、碳强度

年份	人口（万人）	GDP（亿元）	人均 GDP（元/人）	碳排放总量（万吨）	人均碳排放量（吨）	碳排放强度（吨/万元）
2000	7483	9506.04	12 704	5269	0.7042	0.55
2001	7784	10 556.47	13 562	5337	0.6856	0.51
2002	7859	11 674.40	14 856	5657	0.7199	0.48
2003	7954	13 449.93	16 909	6502	0.8175	0.48
2004	8304	16 039.46	19316	7258	0.8740	0.45
2005	9194	21 701.28	23 604	7827	0.8513	0.36
2006	9304	25 968.55	27 911	8990	0.9662	0.35
2007	9449	30 673.71	32 462	10 439	1.1048	0.34
2008	9544	35 696.46	37402	10 614	1.1121	0.30
2009	9638	39 081.59	40 549	11 867	1.2312	0.30
2010	10 431	45 472.83	43 594	13 368	1.2815	0.29

数据来源：广东省统计局统计公报。

从表 8-5 中可以看出，随着广东省人口和 GDP 逐年增加，人均 GDP 和人均碳排放量也逐年上涨。人均 GDP 从 2000 年 12 704 元增长至 2010 年 43 594 元，人均碳排放从 2000 年 0.704 2 吨增长至 2010 年 1.281 5 吨。然而碳强度则相反，呈逐年下降趋势。

为了便于直观比较，以 2000 年数据为基础，各年数据与之相比，得出的比值作为各年各组数据的变化量，见表 8-6。从表 8-6 可以看出，2010 年人口是 2000 年的 1.39 倍，2010 年 GDP 是 2000 年的 4.78 倍。从此可以看出，人口、GDP、人均 GDP、碳排放总量、人均碳排放量总体都随时间增长，尤其 GDP 呈现快速增长，虽然未考虑通货膨胀因素，但是此数据也显示了近 10 年广东经济建设取得了显著的成就；人均碳排放涨幅要平缓得多，而碳强度的变化量呈下降趋势，说明广东省在加快经济建设的同时，也不断推行节能减排措施，取得一定的成效。

表 8-6 广东省近年人口、GDP、人均 GDP、碳排放量、人均碳排放量、碳强度变化情况

年份	人口变化量	GDP 变化量	人均 GDP 变化量	碳排放总量 变化量	人均碳排放量 变化量	碳排放强度 变化量
2000	1.00	1.00	1.00	1.00	1.00	1.00
2001	1.04	1.11	1.07	1.01	0.97	0.92
2002	1.05	1.23	1.17	1.07	1.02	0.88
2003	1.06	1.41	1.33	1.23	1.16	0.88
2004	1.11	1.69	1.52	1.38	1.24	0.82
2005	1.23	2.28	1.86	1.49	1.21	0.66
2006	1.24	2.73	2.20	1.71	1.37	0.63
2007	1.26	3.23	2.56	1.98	1.57	0.62
2008	1.28	3.76	2.94	2.01	1.58	0.54
2009	1.29	4.11	3.19	2.25	1.75	0.55
2010	1.39	4.78	3.43	2.54	1.82	0.53

三、广东省与其他省份的碳排放强度比较

根据康凯丽(2012)的研究成果,在全国五个首批低碳示范省(广东省、辽宁省、湖北省、云南省、陕西省)中,广东省碳排放强度最低,即广东省万元 GDP 碳排放量较低,这与广东省未来经济社会的转型升级大方向相吻合(见图 8-1)。在与周边邻省的比较中,1999 年以前,海南与广西碳排放强度均低于广东省,之后,海南省碳排放强度高于广东省,广西也在 2004 年之后高于广东省。2004 ~ 2010 年间,广东省碳排放强度最低(见图 8-2)。

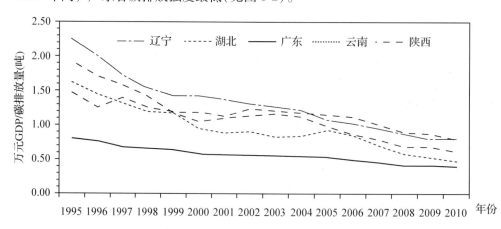

图 8-1 1995 ~ 2010 年广东省与其他低碳示范省的碳排放强度比较

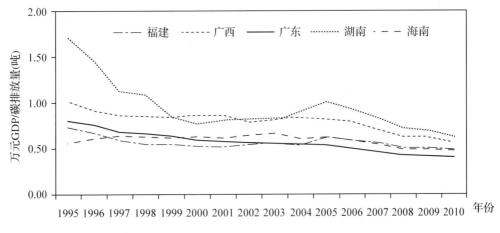

图 8-2　1995～2010 年广东省与周边省（区）的碳排放强度比较

第二节　广东省林业碳汇潜力分析

　　国务院印发的《"十二五"控制温室气体排放工作方案》中，明确分解给广东的控制温室气体排放目标任务是，"十二五"碳强度要下降 19.5%，为全国各省（区、市）中最高。广东省在 2010 年碳强度下降 3.3%，在节能指标比较先进的基础上，广东省节能空间已非常有限，要完成"十二五"的碳强度下降目标任务面临巨大的压力。国际社会已经有值得我们借鉴的做法，即允许利用森林碳汇来抵减部分碳排放，将森林间接减排于产业直接减排有机结合起来，为经济发展带来一个"缓冲期"，减少控制碳排放对经济发展的负面影响。

　　广东省森林资源丰富，在生物量、碳汇等方面有很大的增长空间，能够为应对气候变化、节能减排、低碳发展发挥重要作用，也蕴藏着潜在的巨大经济利益。广东省林业厅在着力推进生态景观林带、森林进城围城、森林碳汇、乡村绿化美化等重点生态工程建设，努力提高人均碳汇水平，增加人均森林碳汇能力研究显得尤为必要。因此，及时掌握广东省森林资源现状以及森林资源消长变化动态、预测森林资源发展趋势显得极为重要。

一、广东省森林碳汇现状

（一）计算方法与数据来源

　　蓄积量法是以森林蓄积量相关数据为基础的碳储量估算方法，充分考虑计算方法的可行性（2011～2015"双增"目标各省只有蓄积量和森林面积数据）与现有统计资料的限制（因标准及计算方法不一，各省资料很难在统一标准下获取统计数据）。森林各部分的碳储量用活立木蓄积量或森林面积乘以它们的换算因子得出（张坤，2007；康凯丽，2012）。具体换算指标如下：

（1）树干、树枝碳储量。平均木材密度以每立方米0.6吨计，生物量转化碳的系数以0.5计，得出每立方米活立木蓄积量转化成0.3吨的碳。根据活立木蓄积量换算公式，一般情况下，针叶树每立方米等于0.28吨的碳，阔叶树每立米等于0.3吨的碳。故本节采用每立方米为0.29吨的碳。

（2）树叶碳储量。以每公顷森林树叶的碳储量为6.5吨计。本方法取阔叶树树叶（3.4吨/公顷）和针叶树（9.6吨/公顷）的平均值。

（3）树桩、根部碳储量。以树干、树枝碳储量与树叶碳储量之和的20%计。

（4）地被物碳储量。每公顷森林地被物碳储量为1.0吨计。

（5）森林土壤碳储量。每公顷森林土壤碳储量为70吨计。根据以上指标得出下列公式：

$$C1 = V \times 0.29 \tag{1}$$
$$C2 = S \times 6.5 \tag{2}$$
$$C3 = (C1 + C2) \times 20\% \tag{3}$$
$$C4 = S \times 1.0 \tag{4}$$
$$C5 = S \times 70 \tag{5}$$
$$C = 0.348 \times V + 78.8 \times S \tag{6}$$

式中：$C1$——立木的碳储量；

$C2$——树叶的碳储量；

$C3$——树桩和根部的碳储量；

$C4$——地被植物的碳储量；

$C5$——森林土壤的碳储量；

C——森林的碳储量；

V——活立木的蓄积量；

S——森林面积。

由上述公式（1）~（5）可以推导得出公式（6），即森林碳储量C。

根据上述方法计算森林碳储量，主要使用各期活立木蓄积量V和森林面积S两个指标。针对广东省应对气候变化的双增"覆盖率、蓄积量"目标考核数据，把相关年份的目标数据按公式（6）即可算出广东省近五年的碳储量。

2012~2015年碳排放量数据来源于预测值。具体方法是：根据2000~2010年的碳排放量和终端能源消费情况，参考《省级温室气体清单指南》（试行）和$IPCC$指南的方法及相关参数，计算出由终端能源消耗产生的碳排放量，再根据能源领域碳排放量约占排放总量的80%，得到广东省2000年至2010年碳排放总量。再根据2000年至2010年广东省终端能源消费和碳排放量情况，采用时间序列回归分析法预测了广东省"十二五"期间2010年至2015年终端能源消费量和碳排放量。

人均碳储量 = 每年森林全部碳储量/当年常住人口。常住人口包括：居住在本乡镇街道且户口在本乡镇街道或户口待定的人；居住在本乡镇街道且离开户口登记地所在的乡镇街道半年以上的人；户口在本乡镇街道且外出不满半年或在境外工作学习的人。根据广东省统计年鉴，2011、2012年广东省常住人口分别为

10 505、10 594 万人，2013～2015 年人口按每年自然增长率 8‰推算。人均森林碳汇＝当年森林碳汇/当年常住人口。

森林碳汇＝前一年森林碳储量－当年森林碳储量。森林碳汇贡献率指森林碳汇所占碳排放量比例，即当年的森林碳汇除以当年的碳排放量。

（二）广东省与其他省份的碳储量比较

从表 8-7 中可以看出，在五个低碳示范省中，广东的森林面积和总蓄积量均低于云南省。2011 年广东省森林（包括土壤碳库，以下同）全部碳储量为 9.8 亿吨，位居第二。与周边省份相比，森林全部碳储量高于福建，而低于广西和湖南。

人均森林碳储量方面，广东因人口众多，人均森林碳储量仅为 9.4 吨，在五个低碳示范省中最低，与湖北省和辽宁省接近。云南省因森林资源丰富、人口稀少而位居榜首。在与周边省份比较时，也因各地人口基数较少，福建、广西及湖南省的人均森林碳储量均高于广东。

表 8-7　2011 年各省人均森林碳储量比较

省份		森林面积（万公顷）	总蓄积量（万立方米）	森林全部碳储量（万吨）	常住人口（万人）	人均碳储量（吨/人）
低碳示范省	辽宁	547.2	27 200.0	52 585.0	4373.0	12.0
	湖北	713.9	31 324.0	67 152.9	5758.0	11.7
	广东	1044.1	46 328.6	98 397.4	10 505.0	9.4
	云南	1820.0	171 200.0	202 993.6	4631.0	43.8
	陕西	820.0	42 400.0	79 371.2	3742.0	21.2
周边省	福建	765.4	48 400.0	77 156.7	3720.0	20.7
	广西	1373.3	60 000.0	129 096.0	5199.0	24.8
	湖南	1209.9	41 600.0	109 816.9	7135.0	15.4

注：各省森林面积、总蓄积量及人口等数据均从各省统计年鉴和林业统计年鉴中获取。此表中低碳示范省仅指首批国家发改委批准的五个省，不包括单列市。

二、广东省森林碳汇潜力分析

（一）广东省"十二五"森林碳汇能力

从表 8-8 可以看出，广东省"十二五"（2011～2015）期间，广东省森林碳储量和碳排放量均呈上升趋势，逐年增多。预期到 2015 年森林全部碳储量为 104 353.5 万吨，平均每年增长率为 1.5%，碳排放量每年增长率为 8.5%。碳排放量的增幅明显高于森林碳储量增量。"十二五"期间，广东省森林共增加碳汇 5956.0 万吨，而同期广东省工业碳排放量为 117 235.3 万吨，森林碳汇贡献率年平均值 6.1%。

随着经济、社会的发展，广东省的能源消耗逐年增多，这必然导致碳排放量的逐年增多。但是森林资源的生长周期很长，森林吸收 CO_2、缓解低碳压力的作用不能在短时间内奏效，所以广东省的减排压力必然越来越大。为了防止我省减排压力的进一步增大，除了在扩大森林面积、提高质量进行森林增汇的同时，还必须大力推行节能措施，尽量减少含碳能源的消耗，多开发利用清洁能源。

表 8-8　2011～2015 年广东省森林碳汇贡献率

年份	森林面积（万公顷）	总蓄积量（万立方米）	森林全部碳储量（万吨）	森林碳汇（万吨）	碳排放量（万吨）	森林碳汇贡献率（%）
2011	1044.1	46 328.6	98 397.4		19 774.5	
2012	1051.4	47 600.4	99 413.3	1015.8	21 460.8	4.7
2013	1061.2	49 976.6	101 016.9	1603.6	23 290.8	6.9
2014	1071.1	52 474.6	102 662.9	1646.0	25 276.9	6.5
2015	1080.9	55 100.8	104 353.5	1690.6	27 432.4	6.2

注：森林面积和总蓄积量数据来源于广东省"双增"考核目标。碳排放量数据来源于预测值。

（二）广东省"十二五"人均森林碳汇能力

2011 年，广东省森林碳储量为 9.8 亿吨，常住人口为 10 505 万人，因此当年人均森林碳储量为 9.4 吨/人。从表 8-9 中可以看出，"十二五"期间，广东省人均森林碳储量的平均值为 9.5 吨，平均每年约以 0.1 吨/人的水平进行增长。2011～2015 年，广东省人均森林碳汇呈现逐年增加的趋势，平均值为 0.14 吨/人。

目前我国正处于高速经济增长和社会转型时期，人口发展与居民生活消费方式正发生着深刻变化，可能导致人均碳排放量增加，人均碳储量的增长则会保持一个较稳定的水平，因此需要向居民提倡低碳出行、低碳生活。

表 8-9　2011～2015 年广东省人均森林碳储量与人均森林碳汇

年份	森林全部碳储量（万吨）	森林碳汇（万吨）	常住人口（万人）	人均森林碳储量（吨/人）	人均森林碳汇（吨/人）
2011	98 397.4		10 505.0	9.4	
2012	99 413.3	1015.8	10 594.0	9.4	0.10
2013	101 016.9	1603.6	10 678.8	9.5	0.15
2014	102 662.9	1646.0	10 764.2	9.5	0.15
2015	104 353.5	1690.6	10 850.3	9.6	0.16

第三节　广东省提升森林碳汇的途径

提高能源效率降低能耗减少 CO_2 排放和提升森林碳汇能力是应对气候变化两个重要方面。通过增加森林面积、加强森林培育提升森林生产力和加大森林资源保护力度，能够有效增加森林活立木蓄积和生物量，提高森林生态系统功能，从而增加森林碳储量，提升森林碳汇能力。

（一）增加森林面积

1. 增加林地的森林面积

消灭林地宜林荒山。根据《广东省森林碳汇重点生态工程建设规划（2012～2015年）》，广东省仍存在501.73万亩的宜林荒山荒地，通过植树造林，增加林地的森林面积，增加林地的森林碳汇。

2. 增加非林地的森林面积

广东省在大力建设北部连绵山体生态屏障的同时，还可充分利用平原地区四旁、城市周边未利用地，通过实施森林进城、森林进村工程，增加森林面积。同时，加大城市绿地森林的建设力度，改造提升原有绿地为森林，增加城市森林面积。通过这两条途径增加城市、乡村绿化的森林碳汇。

（二）提高林地生产力

根据《广东省森林碳汇重点生态工程建设规划（2012～2015年）》，目前广东省仍有较大面积的疏残林、低效林，生产力低下。通过套种补植、更新改造和封山育林等措施，提升林地生产力；加大中、幼林抚育力度，促进森林生长，优化林种树种结构，提高森林碳密度，增强森林生态系统的固碳能力，直接有效地增加森林碳汇。

（三）加强森林资源保护

加强对森林火灾、病虫害的防控力度，坚决杜绝非法征占林地、乱砍滥伐，是有效减少森林碳泄漏的主要途径，从另一方面来说，也是间接增加了森林碳汇。

（四）加大林业投入

林业是低碳经济发展的重要组成部分。近年来，广东省加大对林业的投入，开展新一轮绿化广东大行动，特别是生态景观林带、森林碳汇、森林进城围城等三大工程建设，对于推动广东省林业发展、提升森林碳汇水平起到积极作用。林业建设是一个长期的过程，需要不断加大投入，做好森林资源的培育和保护工作，确保森林碳汇的不断增加。

参考文献

1. Kindermann GE, McCallum I, Fritz S. Obersteiner MA global forest growing stock, biomass and carbon map based on FAO statistics[J]. Silva Fennica 2008, 42: 387 – 396

2. 方精云，陈安平，赵淑清，等. 中国森林生物量的估算：对 Fang 等 *Science* 一文的若干说明[J]. 植物生态学报，2002，26(2)：243 – 249.

3. 林俊钦. 森林生态宏观监测系统研究[M]. 北京：中国林业出版社，2004.

4. 王登峰. 广东省森林生态状况监测报告（2002 年）［M］. 北京：中国林业出版社，2004.

5. 广东省人民政府. 广东省应对气候变化方案［D］. 2011.

6. 广东省统计局，国家统计局广东调查总队. 广东统计年鉴 2012［M］. 北京：中国统计出版社，2012.

7. 广东省林业厅. 广东省森林资源通报. 2012.

8. 张修玉，许振成，胡习邦，赵晓光. 基于 IPCC 的区域森林碳汇潜力评估［J］//中国环境科学学会. 中国环境科学学会学术年会论文集［M］. 北京：中国环境科学出版社，2010，639 - 645.

9. 张坤. 森林碳汇计量和核查方法研究［D］. 北京：北京林业大学，2007：14.

10. 康凯丽. 基于区域森林碳汇能力的我国碳汇林业发展研究［D］. 北京：北京林业大学，2012：15 - 17.

11. 陈庆强，沈承德，易惟熙. 土壤碳循环研究进展［J］. 地球科学进展，1988，13（6）：555 - 563.

12. 广东省绿化委员会，广东省林业厅. 广东省森林碳汇重点生态工程建设规划（2012 - 2015 年）［R］. 2012